金牌妈妈家庭厨房

圆融一笑 ◎ 编著

人生固然有酸甜苦辣，我们却可以让菜里只有酥甜香辣，蔬食之美不仅仅在于让我们大饱口福，而且可以冲淡生活的沉闷，在人间烟火气之外给我们另一种人生的清新。

中国中医药出版社
·北京·

图书在版编目（CIP）数据

金牌妈妈家庭厨房／圆融一笑编著．—北京：中国中医药出版社，2013.7

（健康生命的素食地图丛书）

ISBN 978-7-5132-1445-2

Ⅰ．①金… Ⅱ．①圆… Ⅲ．①素食－菜谱 Ⅳ．① TS972.123

中国版本图书馆 CIP 数据核字（2013）第 090911 号

中 国 中 医 药 出 版 社 出 版

北京市朝阳区北三环东路 28 号易亨大厦 16 层

邮政编码 100013

传真 010 64405750

北京启恒印刷有限公司印刷

各地新华书店经销

*

开本 880×1230 1/32 印张 5 字数 138 千字

2013 年 7 月第 1 版 2013 年 7 月第 1 次印刷

书 号 ISBN 978-7-5132-1445-2

*

定价 29.00 元

网址 www.cptcm.com

社长热线 010 64405720

购书热线 010 64065415 010 64065413

书店网址 csln.net/qksd/

官方微博 http://e.weibo.com/cptcm

序一

健康管理犹如财务管理

作为财务管理人员，为推广素食的书作序，似乎专业不太对口。自己从2003年尝试吃素以来，身体健康状况和体检指标大为改善，是素食的实际受益者。读过本书清样后，发现均衡素食与财务管理有异曲同工之妙。财务管理讲究实事求是，最忌被欲望控制而急功近利。近年国内高发的各种癌症、心脏病、高血压、糖尿病等现代富贵病都跟过量“进补”肉食有很大关系。如何超越口腹之欲的控制，实事求是地认识均衡素食对人体的利益和价值，值得每个人去探索。

财务管理更讲究风险管理，反对逞一时之快而堕万劫不复之境，尤其对于高概率大影响的风险会主动采取规避策略。似乎大部分现代人对于过量肉食必然伤害自己生命的重大风险还缺乏了解，遑论防范；人们还在义无反顾地用过量肉食继续蹂躏自己的身体。如果本书的内容能唤醒部分读者对过量肉食重大风险的觉知，当善莫大焉。财务管理讲究资源优化配置。过量肉食不仅对人的身体有害，更导致对地球有限资源的巨大浪费和环境的严重污染。均衡素食符合资源优化配置原理，不仅能有效防范过量肉食对人们健康的伤害，还能大幅度减少水土资源的流失，缓解环境污染，对人们生活质量的改善具有深远意义。财务管理还讲究改进方案的可操作性。从可操作性角度看，本套丛书收集的数百道经典素食，烹饪方法简单，色香味俱全，人人皆可实践。

以上是一个财务人员对本书的读后感，是为序。

曾沛涛
2012年9月于北京

注：序一作者曾沛涛先生为美国注册会计师，东方诚信高级顾问，曾任麦当劳（中国）控股公司财务总监，家乐福中国区财务总监，美国在线(AOL)公司财务副总裁。

序二

建设美好“素托邦”

按：本序不代表本书观点。本套丛书旨在提供素食菜谱，并和大家一起体悟饮食之美，不想辩论，也不想说服。因此，一切随缘，读者在阅读的时候，也尽可随意，不必纠结于文字。

这些年来宣传动物保护，提倡素食，许多朋友常常批评我太过偏执。他们认为提倡素食文化，号召大家都来素食，太极端，很不现实。的确，在中国当下暴戾之气弥漫，物质主义高涨，理想主义式微，人们竞相追逐享受、虚荣的氛围中，出于悲悯护生的观念，为了人与自然和谐的理想，追求健康活力的生活，节制自己的贪欲，破除流行的偏见，而选择清净慈悲的素食，似乎注定只能是另类小众的文化现象。超越肉食文化，普遍素食，看起来真是一个不能实现的乌托邦。

然而，我们人类如果真想有一个温馨美好的未来，真想实现康德永久和平的理想，真想社会和谐减少暴力冲突，真想生态平衡灾难不起，真想身体健康长寿乐活，就必须要建设这个普遍素食的乌托邦。沿着素食之路去寻找生命的真谛，在这个时代是最重要的事情，也是最高的智慧。

把素食说成是寻找生命的必由之路，看似夸大其辞。但实际上，许多人眼中无足轻重的饮食方式，的确是我们这个时代根本问题之所在。肉食文化由来已久，人类长期以来就一直在利用动物来满足自己的生活所需。然而，近代世界人类对于动物的迫害无论是在数量上、范围上、程度上都远远超过了古代。这不仅仅是由于科学技术给人类提供了强大的能力，人类有可能以更大力量去迫害动物，更由于近代以来占主导地位的西方文化在对待自然态度上的深刻变化，使得人与动物之间的关系发生了根本的变化。

笛卡尔是西方近代哲学之父，也是近代科学方法论的系统提倡者，对于近代西方文化产生了深远的影响。但他同时也是“动物没有意识”这一臭名昭著命题的首倡者。这一违反常识，也早已被科学证伪的错误观点，产生了极其恶劣的影响，割裂了我们人类与其他动物之间的血肉联系，导致人们把人类之外的其他动物当做任人宰割、蹂躏的物体。在传统社会中，制约人们残酷对待动物的各种情感如怜惜、禁忌，在冷冰冰的“理性”面前不战而降，人们对动物的压榨毫无底线!

这样一种错误的观念和做法，后来受到了许多人的怀疑和挑战，最有名的当属生物学家达尔文和伦理学家边沁。达尔文从生物进化的角度指出非人类动物与人类之间并无截然的鸿沟，在情感和心智上具有高度相似性，这就抽掉了在伦理上区别对待人类与非人类动物的科学根据。伦理学家边沁则明确指出：是否成为一个伦理关怀的对象，“问题不在于‘它们能推理吗’，也不是‘它们能说话吗’，而是‘它们会感受到痛苦吗’”。边沁把动物的处境与黑奴的处境进行对比，展望有一天“动物可以取得原本属于它们，但只因为人的残暴之力而遭剥夺的权利”。

然而，无论是达尔文，还是边沁，虽然卓越的理智和深刻的洞见使得他们超越了流行的俗见，但是却和普通人一样，仍然食肉，仍然是非人类动物奴隶制的参与者，仍然参与了对于非人类动物的制度性迫害。更有甚者，《动物解放》的作者辛格教授指出，西方许多出色的哲学家、思想家，在人与动物的关系上，都无法保持其思想逻辑的一致性，往往绞尽脑汁地去扭曲逻辑来为其继续吃肉进行辩护。

原因实际上很简单，就是他们不愿意改变长期以来社会上流行的饮食习惯，放弃建立在血腥和残忍基础上的肉食，而转向与非人类动物和谐共处的素食。为了贪馋，为了饮食方式上的因循守旧，他们只好自欺欺人地给自己寻找借口。舌尖战胜了大脑，这对于那些以追求真理为志业的思想家、哲学家们来说，真是情何以堪！

有一种言行一致，在生活中能克服困难，落实理念，而不是向自己贪馋软弱让步的精神，使得那些文化程度也许不高，讲不出多少漂亮理论的斋公斋婆们，在动物伦理的问题上，瞬间秒杀了众多食肉的思想巨星。素食者们，让自己脱离了天天发生在餐桌背后的杀戮和残忍，轻而易举地实现了人与动物和谐共处，生动地说明了一个淳朴的真理：只有慈悲的心灵才有可能具备真正的智慧。

没有贪馋就没有杀害。古代社会市场经济不够发达，如果你吃了自然死亡的动物，吃了已经被屠宰的动物，并不一定会导致人们再去屠杀动物。在这种情况下，你吃肉的行为并不意味着屠杀，并不意味着残忍，所以小乘佛教容许信众吃与杀害动物没有直接关系的“三净肉”。但是，今天的情况完全不同了。你去饭店里点一份鱼香肉丝，不经意间就启动了一条虐待和屠杀动物的产业链。饭店要去超市购买猪肉，超市要从屠宰场进货，也就是说每一个点鱼香肉丝的人，其实都是间接地在下达杀猪的指令。因为屠宰场不做亏本的买卖，大家都吃素的话，他们也不会去做屠杀的勾当。

这个产业链的上游还有动物养殖、动物运输、繁殖等等，在每一个环节中，人类为了利润榨取最大化发明的种种科技，精心设计的种种操作流程，都让动物远离其天然的生活方式，遭受了难以想象的痛苦，身心受到

严重伤害。而所有这一切，消费者都知之甚少， 一方面是因为对作为食材的动物缺乏关心，也是因为被商家那些无耻欺骗的广告所遮蔽。所以，今天对于一个真正关心动物的人来说，大乘佛教所提倡的素食断肉的戒律就成为了一个合理的行为规范了。

值得注意的是，人们在大快朵颐之时，往往主动地自我欺骗，不去思考餐桌上肉的来源，不去思考那些被屠杀动物的感受。如果谁不识相，居然敢在餐桌上揭示真相，谈论它，他就会被认为是一个缺乏基本礼貌的人。可见，整个肉食文化是建立在自我欺骗基础上的，是肉食者集体自欺的产物。这种见不得光的肉食文化迟早是要被废除的，就像奴隶制虽然也曾延续多年，长期被认为是天经地义符合人性的，但最后还是被人类所抛弃。

肉食文化，不仅给非人类动物带来了无尽的苦难，也给人类自身带来了痛苦和灾难。圣雄甘地说过：从对待动物的态度上，可以看出一个民族的道德水准。人类在肉食文化中所展现出来的，崇尚暴力，为了一己利益可以无情牺牲弱者的逻辑，正是我们人类社会无休止的战争和暴力犯罪的逻辑。所以愿云禅师的千古名句："千百年来碗里羹，怨深似海恨难平。欲知世上刀兵劫，但听屠门夜半声！"道破了人类无法实现永久和平的根本原因。在这一层意义上，推广素食是最彻底的和平运动，从根基上先实现人类与动物的和平，息止杀心，战乱自然不起，天下太平。

肉食文化的危害还直接表现在对人体健康的危害上。《中国健康调查报告》的作者、美国著名营养学家明确指出肉食可以显著增加慢性病如癌症的发病概率。他不但全家素食，而且在书中明确号召：肉食吃得越少越好，最好一点都不要吃。不用担心营养不足，即使全素，连蛋、奶都不吃，营养也没有问题。

由于动物保护运动的持续深入，由于人们认识到素食有利于环保和健康，西方发达国家素食日益成为时尚，如英国、美国的素食人口已高达总

人口的7%。与此相反，中国近来在经济高速发展的同时，饮食习惯正在发生急剧的改变。中国人正在重蹈西方发达国家过去的覆辙，大量摄取肉食，从而导致各种“富贵病”发病率的飙升，给我国人民的身体健康带来了巨大威胁。本已捉襟见肘的医疗资源，更是不堪重负。

因此，中国中医药出版社出版这套《健康生命的素食地图》丛书，可谓利益众生的及时雨，功德无量，令人赞叹。这套书不仅收录了国内最有影响和代表性的素食餐馆的招牌菜，也有个人私家厨房里的美味家常素菜、点心、饮料等，更从多方面介绍了素食文化的历史、理念，素食对于环保、健康的利益，介绍了动物保护的相关理念，内容丰富，引人入胜，可读性强，是近年来弘扬素食文化不可多得的一套好书。

这套丛书所选择的内容非常考究，极富代表性。比如，枣子树是中国近年来新派素餐馆的一面旗帜，影响很大。宋渊博先生，作为佛门孝子，因为母亲罹患癌症，放下了上海地产业千载难逢的大好商机，历尽千辛万苦做素食，成为内地许多素餐厅竞相效仿的典范，这在素食界早已是人人皆知的佳话了。我个人也曾多次在“素食营销论坛”上亲耳聆听他为素食同业慷慨介绍经营心得，深为他的谦逊、智慧、幽默所折服。

净心莲素餐馆是京城素餐馆的标杆，菜品及其餐馆的布置，极其精致，时尚界、文艺界人士交口称赞，极大地拓宽了素食的覆盖面。而坐落于清华科技园的天厨妙香，物美价廉，是我最常就餐的素餐馆，也是工薪族和大学生的最爱。天厨妙香门口常见的排队等位情形，证明了素食深受知识阶层的欢迎，也是身为清华校友的女老板一南长期耕耘的最好回报……篇幅有限，不做更多介绍，读完丛书的朋友应该不会感到后悔。

中国文化本来就具有慈悲护生的优良传统，中国素食文化更是历史悠久、博大精深。希望读者诸君领会这套丛书编著者的良苦用心，接受慈悲护生的理念，从此走上素食健康的道路，投身于建设温馨美好的“素托邦”事业。

这不会是轻而易举的事，但一分耕耘一分收获，“素托邦”能建设多大的规模，人类的未来前景就有多么的美好！我们不知道“素托邦”何时能够建成，不知道什么时候，杀害可以感知痛苦的动物来满足口腹之欲会被看作是人类历史上的巨大耻辱，正如历史上那些先知先觉的废奴主义者们不知道究竟什么时候奴隶制才会被所有人唾弃一样。

我们唯一的选择，就是只问耕耘莫问收获，从当下做起，从眼下这一餐饭拒绝肉食开始做起！

蒋劲松
2012年8月初于清华园明斋

注：序二作者蒋劲松先生为清华大学副教授，中国人民大学哲学博士。1996年起任教于清华大学科学技术与社会研究所，中国自然辩证法研究会青年工作委员会副主任。

前言

素于身 静于心

做《健康生命的素食地图》丛书，我想和大家交流两个观点：其一，素食为主，肉食为辅是一种健康、时尚的饮食习惯。其二，素食是一种低碳、环保、保护动物的行为，是每一个人随时随地都可以践行的善举。最近《舌尖上的中国》引起了很多民众的关注。我也仔细看了这个纪录片。《自然的馈赠》《主食的故事》《转化的灵感》《时间的味道》《厨房的秘密》《五味的调和》《我们的田野》，光看这些名字，就已经被感动。陈晓卿说：“中国人常说一方水土养一方人，不同地区的人吃什么，这其中涵盖着历史和文化的因素。”“从饮食的角度，能够揭示出中国是个大一统的国家。”他认为，《舌尖上的中国》更关心的正是人与食物的关系。我觉得陈导所言极是，不过人与食物的关系，却并非总是一个和谐的关系。人可以通过食物获得味觉上的满足，获得心灵上的满足，但是要通过美食获得健康却并不容易，因为很多美食并不健康。这套关于素食的书，也不仅仅是要给大家提供科学合理、营养全面的素食菜谱，更多的是要和大家分享素食中的人生况味，从而做到口中五味调和，心中也五味调和。

做一个健康的吃货

我是学计算机的，因为喜欢中医，所以“半路出家”，混迹在中医行业。学了一些医学知识之后，明白人的很多疾病都是吃出来的。“病从口入”这四个字绝对是大有深意的，只是大家听得多了，也便麻木了。现在很多人肥胖，体检查出来“三高”，这些疾病很多都跟饮食有很大的关系。油炸食品，含有激素的肉食，都是我们健康的最大敌人。有人说，人生的乐趣就在于“吃喝玩乐”。这也没错，不过一个好的身体是做任何事情的前提，所以我们要做一个健康的吃货。

自己拿上菜篮子，去早市挑上新鲜、健康的素材。亲自下厨，照着菜谱，烹饪几道小菜。个中滋味，美哉美哉。古人说“治大国如烹小鲜”，俺说“烹小鲜如治大国”。试想，身体那么多的零件，你要烹饪好食物，保养好整个身体，确实不容易。做一个健康的吃货，需要生活的智慧。

做一个快乐的吃货

京华闲人赵英立老师说过，品茶主要在于心境。试想，如果在一个安静而美丽的地方，和志趣相投的朋友促膝而坐，那么一杯清水，也已滋味无穷。曾经几次和朋友去后海吃巨辣鸡翅。那个味道不见得有多好，但是吃过之后嘴唇红肿，眼睛流泪的样子却会让大家开怀大笑。有一次，去某工厂改造而成的饭店吃饭。带我们去的杨师兄说，这家餐厅就是电视剧《奋斗》里那家餐厅。于是，大家便觉得这餐厅果真是非同凡响。

选择全素，或者素食为主，肉食为辅，也会吃得很“HAPPY”。大家总是认为素食很简单，不过就是水煮白菜叶子罢了。其实，素食种类之丰富，素食烹饪方法之多，都远非我们想象的那么贫乏。做一个快乐的吃货，去寻访食物背后的故事，去享受烹饪的每一个细节。

做一个知道感恩的吃货

我在看《舌尖上的中国》的时候，流泪了。最让我感动的是：那些贫苦勤劳的人们，为了获取大自然的馈赠，付出了常人难以想象的艰辛。一位老人在山林里寻觅一天，或许也找不到一棵松茸。在湖北嘉鱼挖藕的男人，天不亮就起床，五个月泡在泥巴里挥洒汗水。看到这些，我想起了那句诗："锄禾日当午，汗滴禾下土。"一粒米，一棵菜，都来之不易。不能因为吃得起就浪费，我们要知道这个世界上时时刻刻都有人饥饿至死。

饲料在转化为肉食的过程中，浪费很严重，同样的土地，通过种植谷物可以养活的人口，是通过种植饲料喂养经济动物提供肉食来养活的人口的20倍。也正是由于放牧的需要，对于全球生态平衡至关重要的拉丁美洲热带雨林，成片地被转变成牧场。并且这些牧场一般都只能持续很短时间就因退化而被废弃，然后开发新的热带雨林……每一份汉堡的代价是6.25平方米的森林。

做一个感恩的吃货，那么就应当多吃素，少吃肉。这无关宗教，也无关慈善，只是为了让更多的吃货能够获得健康、快乐。

吃货也可以不食人间烟火

菩提道果、满腹经纶、有容乃大、天下有余，这些素菜名字，听起来就让人回味无穷。一个健康、快乐的吃货，一个选择素食的吃货，必定是一个时尚而有生活品位的吃货。最简单的食材，最简单的烹调，做出来的却是最美味的食物。味觉上的返璞归真，必定让我们的心灵重新归依到平淡和质朴。

吃素者减少了肉类的摄取，就应该花费一点心思去掌握素食的一些原则，让自己营养均衡，身体健康。久而久之，你就会成为一个平和喜乐的

吃货，一个“不食人间烟火”的吃货，没有肥胖的困扰，没有饱食犯困的忧愁。

素食店、素食者和非素食者，他们都烹饪素食，或许烹饪程序有不同，风味不一，但是食素的感悟却是殊途同归。《健康生命的素食地图》丛书第一辑共分四本书：《天厨妙香公开厨房》《时尚美女心灵厨房》《金牌妈妈家庭厨房》和《平民百姓禅意厨房》，后续还会推出更多美味的素食菜谱和更多美丽的素食散文。在丛书的编写过程中，得到了北京龙泉寺，天厨妙香素食餐厅，北京大学素食文化协会，清华大学素食文化传播协会，行动亚洲动物保护团队和长沙羽翎女士等组织和个人的鼎力支持，在此一并致以最真挚的谢意。

附：关于第一辑各册书名的说明

健康生命的素食地图丛书总共四本，分别为：《天厨妙香公开厨房》《时尚美女心灵厨房》《金牌妈妈家庭厨房》和《平民百姓禅意厨房》。本来素食是没有什么界限的，不分年龄、性别和职业，只要合理素食都可以获得健康。

《天厨妙香公开厨房》由天厨妙香素食餐厅提供素食菜谱和部分文章。《时尚美女心灵厨房》所选的菜谱和文章大多适合时尚女性的口味和放松身心灵的需要。《金牌妈妈家庭厨房》所选的菜品比较适合妈妈在家里做给孩子们吃。《平民百姓禅意厨房》则在菜谱和文章的选择上更务虚一点，更多地介绍饮食文化和菜的意境。本来四本菜谱，人人都可以随意选择来阅读和学做素菜，现强为之名，分为四册，只是为了凸显每一册的特色，并不是给这套素食菜谱限定范围，希望不要给大家造成阅读上的误解。

圆融一笑

2013年海棠盛开时改于北京稻香园西里

目录

主菜类　　1

一、土豆丝饼…………………………… 2
　　饥饿过了，才明白蔬食的美味……… 4
二、柠汁酸辣土豆丝…………………… 6
　　清香逼人的柠汁酸辣土豆丝………… 7
三、素虾炒藕片………………………… 8
　　哪吒的身体………………………… 9
四、素炒南瓜片………………………… 10
　　南瓜灯……………………………… 11
五、素麻婆豆腐………………………… 12
　　人生一大乐事——为怀孕的老婆
　　准备营养美食……………………… 13
六、豉香豆腐…………………………… 14
　　宝宝多大可以加辅食……………… 15
七、酸辣豆腐丁………………………… 18
　　0～1岁宝宝喂养歌诀……………… 19

八、芹菜炒香干…………………………… 22
连蒙带骗培养孩子爱吃水果的好习惯
…………………………………………… 23
九、清炒莴笋…………………………… 26
定时定量喂养要用到好处…………… 27
十、美味烧腐竹………………………… 30
给宝宝吃多少零食不算多…………… 31
十一、白玉翡翠红玛瑙……………… 34
春天呀，原来是炒出来的………… 35
十二、鱼香白菜……………………… 36
小猫也想吃的白菜………………… 37
十三、木耳炒烤麸…………………… 38
耳朵一般的小花朵 ……………… 39
十四、清炒黄瓜花…………………… 40
水晶盘里的黄瓜花 ……………… 41
十五、蘑菇煨腐竹…………………… 42
金黄的腐竹 ……………………… 43
十六、笋尖煨腐竹…………………… 44
板桥画竹…………………………… 45

小菜类 47

十七、鲜蔬托面……………………… 48
免费的好心情……………………… 49
十八、菊花粉片……………………… 50
耀眼的菊花………………………… 51
十九、清炒鸡毛菜…………………… 52

鸡毛菜的秘密…………………… 53
二十、凉拌豆腐…………………………… 54
豆腐棋盘…………………………… 55
二十一、凉拌长生果……………………… 56
长生果的游戏……………………… 57

汤煲类 59

二十二、湖南汤…………………………… 60
猫咪偷喝了我的汤……………… 61
二十三、芋头红枣煲山药……………… 62
八千年的红枣……………………… 63
二十四、素汤一…………………………… 64
玉如意……………………………… 65
二十五、素汤二…………………………… 66
石头汤……………………………… 67
二十六、珍珠翡翠白玉汤……………… 68
流浪前，再喝一碗珍珠翡翠白玉汤
…………………………………………… 69
二十七、四喜鲜菇煲…………………… 70
前世………………………………… 71
二十八、黄豆芽春菜汤………………… 72
懒洋洋……………………………… 73

糕点类 75

二十九、老婆饼…………………………… 76

老婆饼的几个故事……………… 78
三十、奶香南瓜派……………………… 80
静享人生的云淡风轻……………… 82
三十一、旺仔小馒头…………………… 84
有爱的旺仔小馒头……………… 85
三十二、冰淇淋蛋糕…………………… 88
色彩斑斓的冰淇淋蛋糕………… 89
三十三、轻乳酪蛋糕…………………… 90
魔术蛋糕………………………… 93
三十四、曲奇饼干……………………… 94
卷纸烤…………………………… 96
三十五、猫爪饼干……………………… 98
妈妈做的生日礼物……………… 99
三十六、奶香吐司…………………… 100
面粉妖精……………………… 101
三十七、玉米牛奶土豆泥…………… 102
小宇宙………………………… 103

主食类　　105

三十八、糊塌子……………………… 106
忆苦思甜的糊塌子…………… 107
三十九、红糖芝麻饼………………… 108
我没有吃过的饼……………… 109
四十、清炖魔芋粉…………………… 110
减肥………………………… 111

四十一、鸡蛋炒面…………………………… 112
鸡蛋炒面…………………………… 113
四十二、素炸酱面…………………………… 114
我们用面条来跳绳…………………… 115
四十三、素炒粉……………………………… 116
星期天……………………………… 117
四十四、勿忘我粥…………………………… 118
花能吃吗…………………………… 119
四十五、紫薯银耳粥………………………… 120
这是什么红薯……………………… 121
四十六、无明矾油条………………………… 122
你怎么把算术题吃了……………… 123
四十七、什锦馅饺子………………………… 124
饺子船……………………………… 125
四十八、素包子……………………………… 126
包什么样的包子…………………… 127

果汁类　　129

四十九、阳光的味道………………………… 130
阳光的味道………………………… 131
五十、苹果白菜汁…………………………… 132
妈妈的果汁………………………… 133
五十一、木瓜牛奶汁………………………… 134
妈妈变的仙露……………………… 135
五十二、蕃茄大白菜汁……………………… 136
亲爱的大白菜……………………… 137

1 / 主菜类

土豆丝饼

营养价值： 降糖降脂、美容养颜。

主料：土豆

辅料：鸡蛋

调料：油[①]、盐、香油、小葱

① 油　本书中所说油都为非转基因植物油，以下不再说明。

做法：①将土豆削皮洗净，用擦丝器擦成丝备用。

②将小葱洗净切碎备用。

③往擦好的土豆丝里倒入少许香油，再用少量温水溶解适量盐，倒入土豆丝中，拌匀。

④将葱花撒在土豆丝中，拌匀（也可以放入适量辣椒粉，做成辣味的）。

⑤拌好的土豆丝均匀放入平底锅内（锅内滴少许油润锅），用中火将土豆丝一面煎黄。

⑥ 翻面，将土豆丝饼的另一面也煎黄，即可出锅。

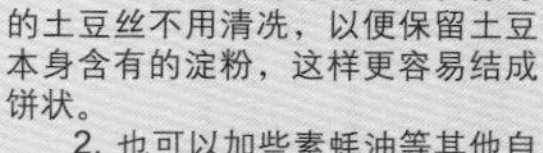

TIPS 小贴士

1. 土豆丝最好擦得细些，擦好的土豆丝不用清洗，以便保留土豆本身含有的淀粉，这样更容易结成饼状。

2. 也可以加些素蚝油等其他自己喜欢的调料放土豆丝里。

3. 土豆丝放入锅里摊开时要薄一点，煎出来会更脆一些。

4. 煎土豆丝饼时火不用太大，开始时用中火，煎至八成熟后用小火煎黄即可。

5. 煎好的饼要趁热才好吃。

饥饿过了，才明白蔬食的美味

文/圆融一笑

总说“民以食为天”，我开始不懂这话的意思，不过却很多次尝过饥饿的滋味。小时候，因为父亲生病，母亲要照顾父亲，所以四五岁的我常常玩到忘乎所以。饥饿的感觉，伴随肚子里咕噜噜的声音，才会让我想起要吃饭了。于是，就坐到门槛上，看奶奶是不是会叫我去吃饭。如果没有，那便饿着。后来，家中更穷，于是母亲有时候会煮一锅红薯，既当饭，又当菜；有时候，会把刚收回来的糙小麦煮给我吃……那时，只觉得很美味。现在想想，觉得特别感慨：我四五岁，正是八十年代，改革开放的年代。我竟然在那样的年代体味到三年自然灾害一样的饥荒。

十三四岁时，离家出走，去少林寺寻觅高人。一路上，餐风饮露，挨了很多饿。那时虽然年龄不大，却也是要不到饭的。饿到不行，就只能不断地喝生水。一次，我在火车上捡到一个搪瓷碗。碗里有猪蹄和包子，当时我狼吞虎咽，风卷残云，觉得那简直就是世上最好的山珍海味。因为饿过，所以才更知道吃的好。

后来，家里慢慢好些，不缺吃的了。我父亲是一个喜欢吃荤的人，最少也得有一个鸡蛋才能下饭。如果一桌子菜叶子，他是会骂人的。因此，我也跟着比较喜欢吃肉。大概小学二三年级的时候，不知道为什么我就开始去思考人生。不要笑话我，这是真实的，虽然这也是幼稚的。那时候，我在村子里，宁静的夜晚，眼巴巴地仰望星空，会生出一种身在牢笼中的感觉。或许，那就是一种心灵的桎梏。从那以后，我看那些鸡鸭猫狗，便有了不一样的感受。我自认为我也能够领会鸡鸭猫狗的喜怒哀乐。于是，便想到杀死它们，再吃掉它们，是很残忍的。于是，我便开始拒绝肉食。有一次，在酒席上，我把吃到嘴里的鱼吐出来，被母亲当众打了一个耳光。回到家，爷爷默默地安慰我，一句话也没说。后来我想老虎不吃肉就会被饿死，或许这正是老师们说的自然规律吧，于是又开始吃肉了。孔子在《礼记》里讲“饮食男女，人之大欲存焉。”有些人吃肉上瘾，也是有原因的吧。

湘菜全世界闻名，身为湖南人，我平常吃的就是最家常的湘菜了。我记得小时候，常常帮奶奶去地里采野生的鸡屎叶子（就是紫苏叶）。采回来，奶奶就把鸡屎叶，大红辣椒剁碎了，和黄豆一起腌制。每次都做一大盆。奶奶也会将白萝卜切丝，晒干了，和大红辣椒一起腌。这样做出来的黄豆和萝卜，都是很美味的。偶尔，我们会将腌黄豆，腌萝卜丝和少量鱼肉一块炒。那就算是很难吃到的荤菜了。在我脑海里，总有这样一个概念：那就是必须要过年过节，才能有大块的煎豆腐和大块带皮肥肉吃。因此，我对一个理念特别能接受，那就是：东方人或者说中国人的传统饮食习惯，是以素食为主，肉食为辅的。

柠汁酸辣土豆丝

营养价值：土豆有“地下苹果”之称，其所含蛋白质和维生素C均为苹果的10倍，营养价值相当于苹果的3.5倍，有和胃健脾、调中益气的作用，对胃溃疡、习惯性便秘、热咳及皮肤湿疹有治疗功效。

主料：土豆

辅料：柠檬1个，干红辣椒3个

调料：油、盐

做法：①土豆去皮切丝，用水冲淋，去除多余的淀粉，然后沥干备用。

②干红辣椒洗净，切小段备用。

③锅热后，往锅中倒入适量油。待油热，将干红辣椒入锅迅速煸炒几下，随即倒入土豆丝翻炒，加少许热开水，继续翻炒至土豆丝熟。

④加适量盐，拌匀，关火。

⑤取1/3个柠檬，直接将柠檬汁挤到土豆丝上，拌匀，出锅装盘。

TIPS 小贴士

1. 柠檬汁的量看个人口味而定，初次制作可先滴入少量尝试。

2. 滴入柠檬汁时最好关火，高温会破坏柠檬汁中的维生素C，导致维生素C流失。

3. 红辣椒入锅后煸炒时间要短，否则容易炒焦变黑。如果觉得干红辣椒太辣，可用新鲜的青椒代替。

清香逼人的柠汁酸辣土豆丝

文/燊燊妈

这道菜，最初是妈妈做给我吃的。当时她说要炒一个酸辣土豆丝，我喜欢酸酸辣辣的口味，便很期待。出锅时，意外闻到一股淡淡的柠檬香，正诧异，妈妈将筷子递过来示意我品尝。夹起一小撮土豆丝送入口中，顿时只觉柠香逼人、清新爽脆、酸辣可口。

原本，用醋调味并不逊色。可是柠檬的酸更自然更清新，它的加入使土豆丝大放异彩。我告诉妈妈，这是我吃到过的最最惊艳的土豆丝。

我一直觉得，做菜是非常需要想象力的。

吃过一种点心，苦瓜汤圆，主料是苦瓜和面粉。品过甜的宁波汤圆，也尝过咸的肉汤圆，还是头一回听说有苦苦的汤圆。我很好奇，餐桌上的同甘共苦会是何种滋味。做法并不复杂，苦瓜榨汁，和入面粉，做成汤圆，再滚上一身的面包糠，油锅中轻翻。咬一口，外脆内韧。最舒心的还是由内而外流出的如丝般柔滑的芝麻糊，直接滑过舌尖坠入暖暖的胃。润润双唇，才想起最初那一点点清洌的苦。

菜品的设计，或许缘于设计者一时的灵感，而这灵感背后却是对厨艺的全情关注以及对生活的满腔热情。

用巧妙的心思装扮平凡生活，是所有热爱生活的人所擅长的。走出厨房，奇思妙想仍源源不断。一条旧裤子，三下两下就能改成休闲背包；几粒西瓜籽，用双面胶粘在纸上，再添几笔，一只惟妙惟肖的蚂蚁诞生了；把凋零的落叶拣回家洗晒干净，不规则地铺到书桌上，再在斑斓的落叶上铺一层透明的塑料桌布，这便成了富有诗意的落叶桌布。这样的例子不胜枚举。

年复一年，日子无声无息地从身边划过，普通如一盘家常菜。而我们，完全可以运用丰富的想象让一成不变的日子神采飞扬，一如柠檬汁滴入土豆丝那样精彩绝妙。

素虾炒藕片

营养价值：开胃降压，补虚养身。

主料：藕、素虾

调料：油、盐、蘑菇精、葱花

做法：①将鲜藕洗净，切成小薄片备用。

②素虾（一般超市都可买到）洗净备用。

③锅热入油，油热后倒入藕片翻炒。

④加入素虾，翻炒片刻。

⑤加适量盐、葱花和蘑菇精，炒熟即可出锅。

TIPS 小贴士

爱吃辣的朋友，可在第三步加入藕片之前，放一点干红辣椒。

哪吒的身体

文／圆融一笑

妈妈做了素虾炒藕片
我不敢吃
因为动画片里说
哪吒的身体是用莲藕做的

我喜欢哪吒
我不想吃他的身体
妈妈说
莲藕本来生长在佛祖的家乡
会开漂亮的莲花

后来
莲藕来到了中国
太乙真人用它给哪吒做身体
老百姓拿它来吃

我听着听着
就已经吃了好几块藕片

素炒南瓜片

营养价值：润肺益气，利尿美容。

主料：南瓜

辅料：素虾

调料：油、盐

做法：①将南瓜洗净切成小薄片备用。

②素虾洗净备用。

③锅热入油，油热后下入南瓜片翻炒。

④南瓜片微微变色后，倒入素虾，继续翻炒，加入适量盐，炒熟即可出锅。

南瓜灯

文／圆融一笑

妈妈说
在江南
为了迎接春天
家家户户在春天都要吃南瓜
古人
在没长好的南瓜上刻上字画
字画就会随着南瓜一起长大

万圣节
妈妈给我做了一个南瓜灯
她告诉我
这是西方的节日

我把南瓜灯弄坏了
妈妈把它洗干净
切成片
炒了一盘菜给我吃

我对妈妈说
你可真有办法
你真棒

素麻婆豆腐

营养价值：开胃消食。

主料：内脂豆腐

调料：郫县豆瓣酱、小葱、花椒面、水淀粉、酱油、盐、油

做法：①豆腐切小丁、小葱切末备用。

②锅内加少许油，油热后加入郫县豆瓣酱、盐、花椒粉、炒香。

③加入1汤勺水，煮沸后加入葱末。

④加入酱油、豆腐丁，中火煮沸，翻面，盖上锅盖煮2分钟。

⑤改大火，水淀粉沿锅边淋入，将芡汁翻均匀后关火。

⑥起锅，撒上花椒面及葱花，一盘没有肉的麻婆豆腐上桌啦！

人生一大乐事
——为怀孕的老婆准备营养美食

文／圆融一笑

老婆怀孕前三个月孕吐很厉害，不管吃什么都有反应，有几次胆汁都吐出来了，让我心疼得不行。后来老婆自我安慰说，这是排毒反应，对宝宝好。

三个月以后，老婆就没什么反应了。在预产期来临前都是调养的关键时期。之前买了搅拌机、榨汁机，可是老婆对于蔬果汁不怎么感兴趣，加湿器老婆也懒得用，让我很失望。幸好过滤桶没白买，老婆愿意喝烧开的过滤水。最近，老婆特别容易饿。人都说孕妇一天要吃四顿以上，可是老婆一天还是只吃三顿，这样她当然更容易饿。因此，我每天下班一回家就立马做饭炒菜。

早早就买了孕产百科的书来学习，也下载了胎教音乐和孕妇瑜伽，让老婆观摩学习。结果老婆大人坚持一两天就没毅力了，决心以后我来严格督促她。如果不听话，就逼她喝她最不想喝的蜂蜜柠檬水。

个人认为：孕妇的饮食调养，应该在掌握大方向的前提下，灵活应变。另外，提醒大家，烧烤食品、腌制品、桂圆、辣椒、胡椒等，孕妇都不宜食用。

豉香豆腐

营养价值：和胃除烦。

主料：豆腐

调料：香辣豆豉、朝天椒、葱、生抽、油、盐

TIPS 小贴士

1. 将豆豉压碎，更能入味。

2. 如果喜欢吃比较嫩的豆腐可以用小火煎，用中火煎出来的豆腐香而硬。

做法：①豆腐切成小块，朝天椒切成圈备用。

② 葱切成小段备用。

③锅中下油，烧微热，然后把豆腐块放入。

④用中火将豆腐块煎至四面金黄，盛出放在碗中备用。

⑤锅洗净，下油爆香葱段，然后把朝天椒、香辣豆豉放入，炒香。

⑥倒入煎好的豆腐，淋入生抽。

⑦翻炒均匀，撒上葱花即可出锅。

宝宝多大可以加辅食

文/圆融一笑

昨天，麦子的小娇姑姑给她熬了一锅烂粥，喂了小半碗给她吃。这可是一件里程碑式的事情，于是一早我就来博客上记下这件大事。要知道，我们因为听从医生吩咐，麦子出生那几天一点也不敢给她喂母乳以外的任何东西。这样做的效果好得有点让我们难以接受了，小家伙居然连开水、配方奶都一概拒绝。因此，有时候麦子妈妈不在家我们就特别愁：她饿了不知道给她喂什么。另外，给麦子喂药的时候也很郁闷，用奶瓶她是绝对不喝的。用汤匙灌，她也会吐出来。现在，麦子居然愿意喝粥了，真让人兴奋。好几次去医院检查，医生都说麦子身高、体重不达标，说可能是因为母乳不足，要给她加配方奶。可麦子不喝配方奶，现在愿意喝粥了。

医生跟我们说，三个月以上就可以多加点配方奶了，一百天以后就可以喂一些熬得很烂的粥之类的辅食了。宝宝在4～6个月大的时候，唾液分泌和胃肠道消化酶的分泌明显增多了，消化能力比以前强，胃容量也日渐增大，有能力消化吸收奶以外的其他食品。母乳是宝宝最好的营养，它完全可以满足4个月前宝宝的生长发育需要，通常宝宝1～3个月时，只需喝少量的菜水、果汁，补充一定的维生素，不需任何辅食。实际上，许多宝宝都无法适应过早添加辅食。1～3个月的时候，我们是连菜水、果汁都没有给麦子喝。现在看宝宝的气色貌似没有以前那么好，看来以后得给她喝点菜水、果汁了。

4～6月的宝宝饮食仍以母乳（或配方奶）为主，辅食添加以尝试吃为主要目的。添加的量从少量开始，即从1～2勺开始，以后逐步增加。主要提供流质及泥糊状食品。可依次提供铁强化米粉（可用母乳、配方奶或苹果汁调配），蔬菜泥(3～4种)后，水果汁或泥（果汁要从2∶1，1∶1兑水开始，然后再喝原汁，接下来是果泥），鸡蛋黄（一般在宝宝5个月大的时候开始添加）。

辅食添加注意事项：

1.一次只添加一种新食物，如果隔4～6天没有问题，再添下一种。

2.如果孩子将辅食吐出来，下次应再尝试，有些新食物要试很多次才会被宝宝接受。

3.添加要由少到多，由稀到稠，由细到粗。比如米粉，开始只喂宝宝一

小勺，第二天喂两小勺。等宝宝食欲和大便都正常了，对新食物适应了，再慢慢加量。

4.不要只给宝宝吃米粉，不吃五谷杂粮。其实米粉主要是碳水化合物，营养价值不高，还是要给宝宝添加蛋白质和五谷杂粮。

5.宝宝晚上常哭闹，胃口不好，认为是缺钙。其实缺少维生素B1也会出现这种情况，而维生素B1在五谷杂粮中含量最高，所以，给宝宝吃五谷杂粮非常重要。妈妈可将燕麦、小米粉、玉米粉等熬成糊，给宝宝食用。

6.有的家长认为宝宝月龄小，因此很多食物不敢给宝宝吃。其实只要慢慢添加，一般大人能吃的，宝宝都可以吃。

酸辣豆腐丁

营养价值：开胃养颜。

主料：北豆腐

调料：油、盐、酱油、醋、辣椒面

TIPS 小贴士

北豆腐（卤水豆腐）比较硬，不容易碎，更好切丁和炸。

做法：①北豆腐切丁备用。

②锅热，入油，油热后，轻轻下入豆腐丁。炸至四面金黄。

③加入少量水，然后加入适量的盐、酱油、醋和辣椒面。

④盖上锅盖，焖煮片刻即可出锅。

0～1岁宝宝喂养歌诀

文/圆融一笑

环境闷 宝宝闹
要安抚 多用心
维生素 鲜果蔬
铁锌钙 补适量
多透气 多运动
风与尘 需防护
纸尿裤 不常穿
拥挤处 不去凑
不贪凉 勤洗澡
小屁屁 勤护理
三字经 长朗诵
古琴曲 常播放
哭必思 错必纠
亲子乐 天地广

在宝宝的喂养过程中，该给宝宝吃什么、穿什么，怎么带宝宝出去玩……这些应该是每一个做父母的都在思考和关注的问题。喂养宝宝是一项长期而艰苦的工作，琐碎而辛苦，有时候可能因为一个小小的失误而让父母们后悔不已。因此，在宝宝的喂养过程中有一万个小心也是不嫌多的。

维生素 鲜果蔬

铁锌钙 补适量

前不久我发现女儿麦子指甲有些凹陷，我马上想到：宝宝可能缺铁、缺锌、缺维生素了。因为她一直喝母乳，后来又加了辅食，所以没有特别注意微量元素和维生素的摄入。发现这个情况之后，我就给麦子去买了一些补铁锌钙的食品。同时，给宝宝喂的蔬菜粥和水果汁之类，也常给她变换一些花样。吃了一段时间后，宝宝的指甲就好些了。

多透气 多运动

风与尘 需防护

纸尿裤 不常穿

拥挤处 不去凑

夏天比较热，麦子经常被热醒，醒来就一头大汗。麦子奶奶担心她受凉，总给她穿得比较多，晚上盖比较厚的被子。后来，我们发现不行，还是得根据天气加减衣裤。热的时候短袖都可以，如果转凉了，马上又得加衣服。其次，就是每天要带宝宝去空气好的地方逛上一两个小时，比如公园里。让宝宝和小朋友们一起交流交流。像北京这样的地方，出门最好带上纱巾之类风尘防护工具，否则一旦起风，扬尘进到宝宝眼睛里就比较麻烦。

关于纸尿裤的问题，我们是这样处理的。白天，我们给麦子用尿布，那样她不会那么热。而且，有时候，给麦子把过尿之后，就让她光着屁股一段时间。晚上，我们给麦子用尿不湿，这样她即便睡觉时尿了也比较舒适。还有一个特别要注意的问题是，夏季流行病比较多，宝宝抵抗力低下，人群拥挤，脏乱吵的地方，绝对不能带宝宝去。

不贪凉 勤洗澡

小屁屁 勤护理

最好每天给宝宝洗一个澡。洗澡的时候一定要用热水，不能让宝宝从小就贪凉。宝宝的小屁屁，尤其是女宝宝的屁屁，一定要小心勤快地护理。前些天，因为我们的疏忽，不知道为什么，麦子小屁屁就红了。因此，宝宝的屁屁要经常轻轻拍打拍打，经常洗洗（尤其女宝宝不能使劲洗）。

三字经 长朗诵

古琴曲 常播放

《三字经》和图画类等儿童读物，父母一定要亲自拿给宝宝看，给宝宝念。父母念的更能深入宝宝心田。像钢琴曲、古琴曲等轻音乐，要有意识地天天给宝宝播一点，让宝宝感受感受。这样的话，宝宝的心情就会保持愉悦了。

哭必思 错必纠

亲子乐 天地广

喂宝宝的时候，一定不能太饱，而且要多给宝宝喝水，否则容易引起便秘等问题。总之，宝宝的喂养过程中总会有各种新问题。做父母的应该好好观察，多多注意。如果宝宝哭闹不止，一定要找原因。如果宝宝有一些不良习惯，如经常咬推车的沿，就要不厌其烦地反复纠正。

宝宝健康快乐了，那么一个家庭就幸福满满了。

芹菜炒香干

营养价值：清热平肝，健胃降压，补充多种维生素和矿物质。

主料：香芹、香干

调料：油、盐、蘑菇精、生姜、豆豉、鲜红椒、生抽

做法：
①香芹洗净切成小段备用。
②香干洗净切片备用。
③生姜洗净切末备用。
④鲜红椒洗净切成小段备用。
⑤锅热入油，油六分热的时候，加入豆豉、鲜红椒和姜末，炒香。
⑥另外拿一口锅，入油，烧热后，倒入切好的香干，将切面煎至微黄。
⑦切好的香芹和煎好的香干一起倒入炒香的调料里，翻炒片刻。
⑧加入适量盐，蘑茹精，淋上生抽，炒匀即可出锅。

连蒙带骗培养孩子爱吃水果的好习惯

文/圆融一笑

女儿麦子已经20多个月大了，我发现她在吃东西上有些让人惊讶。那就是无论什么她没吃过的新鲜东西，她都会要求你先尝尝，她才试着吃。如果好吃，就不断地要吃；如果不好吃，她就连连说："不要，不要……"麦子这么谨慎，其实很好：我们就不用太过担心她会吞食硬币等异物了。可是我们慢慢发现了一件让人特别烦恼的事情：那就是麦子拒绝吃大多数水果。到目前为止，麦子只吃苹果、梨和香蕉三种水果。其他诸如荔枝、樱桃、西瓜、木瓜、李子、桃子等等，麦子都不吃。每一次洗好那些果子给她吃，她都往我们嘴里塞。最让人崩溃的是，麦子曾经的最爱——草莓，她现在也拒绝吃了。

宝宝为什么不爱吃水果

参加妈妈聚会的时候，麦子妈妈问了专家和有经验的妈妈。她们提供了两个解决方法：第一，将水果榨汁给宝宝喝。第二，将水果榨汁冻成果冻给宝宝吃。昨天晚上，麦子妈妈把好久不用的榨汁机拿出来洗了半天，准备榨葡萄汁给麦子喝。结果等麦子妈妈把榨汁机洗好，麦子已经睡熟。鲜果汁这个方法，其实我们以前也试过，麦子不是特爱喝。至于冰果冻，我总觉得对孩子的肠胃不好。

那麦子为什么会拒绝水果呢？这个问题一直困扰着我。我想可能是孩子对新鲜东西的警惕性比较高。另外可能就是孩子对新鲜的味道一时难以接受。还有一个原因，可能是孩子有逆反心理，在抵触我们。我们老要她吃这个吃那个，或许越说她就越不想吃。

如何培养宝宝爱吃水果的习惯

麦子不爱吃水果，却爱吃糖。每天到商店门口，都嚷嚷着要吃糖。在她的意识里，貌似就觉得糖很好吃，水果就那样。不管怎么样，培养宝宝爱吃水果的习惯很重要。适当吃些种类丰富的水果对宝宝营养摄入和身体发育都是很有好处的。

那我们到底应该怎么做，才能让麦子爱上水果呢？我目前能想到的无外乎三大方法：

一、诱惑

我们在吃水果的时候，装作特别好吃，特别享受的样子，让麦子看着嘴馋。这个方法以前我们也用过，不过没有用好。下次好好策划一下。

二、蒙骗

选择新鲜幼嫩，颜色鲜艳好看的水果。将水果切成丁，榨成汁，和其他食品混在一起，给宝宝吃。或者直接弄成糖的样子，告诉宝宝这是糖。当宝宝真正尝到了水果的好味道，她慢慢就会爱上水果的。

三、顺应

麦子有自己爱吃的东西，那么我们就根据她的口味，将水果蒸煮，拌沙拉之类，将口味往她喜爱的方向靠拢。吃久了，或许麦子也会爱上原味水果。

注意事项：

一、宝宝吃水果后要漱口。

二、水果尽量削皮。

清炒莴笋

营养价值：改善糖代谢，防治缺铁性贫血，增进食欲，刺激消化。

主料：莴笋

调料：油、盐、朝天椒、蘑菇精

做法：
① 莴笋去皮，洗净切细丝备用。
② 朝天椒洗净切成小段备用。
③ 锅热入油，下入切好的朝天椒，煎至微焦。
④ 下入莴笋丝，快速翻炒。
⑤ 莴笋八成熟的时候，加入适量盐和蘑菇精，极少量水，炒匀即可出锅。

TIPS 小贴士

莴笋一定要选嫩的，削皮要削干净，把筋去净。

定时定量喂养要用到好处

文／圆融一笑

表嫂喂养孩子特别讲究。她每天规定女儿什么时候吃饭，什么时候睡觉，都特别严格；夏天吃冰激凌只准吃半个，饼干只准吃两块，不吃一碗米饭就要打手掌；把尿坚决不让男人参与，包括爸爸和爷爷。表嫂的定时定量定规矩喂养吓到我了，我想了想我是不可能做到她那样定时定量严格喂养的。

按照专家的育儿指导，定时定量严格喂养宝宝到底可不可取呢？个人认为应该采取中庸的态度。定时定量这个概念是比较宽泛的。食物可以定量，睡觉和玩耍可以定时。不过哪些该定，哪些不该定，或者说什么时候要限定，什么时候可以放开，这应该是一个灵活应对的问题。

定时定量喂养的好处

首先，定时定量给宝宝喂奶和辅食可以预防积食。现在宝宝的很多病，都是因为吃多了引起来的。宝宝不知道控制食物的多少，吃多了就会引起积食。积食不及时处理又会引起其他疾病。因此，在宝宝自己不太会控制食物量的时候，家长定时定量喂养还是比较可取的。不过，定的时间和量不能太严格。宝宝在一天一个样地发育，因此要随时调整变化。

其次，严格控制作息时间有利于宝宝身体发育。有时候，宝宝白天睡多了，晚上就会比较兴奋。如果宝宝在晚上11点以后还不睡觉，那是不正常的，会影响他的身体发育。我们家麦子就是这样的，白天睡觉，晚上要跟爸妈一起玩，有时候凌晨都不睡觉。我有意识地白天不让宝宝睡太久，带她出去活动的次数也增加了，晚上千方百计哄她早点睡。这样一来，麦子的作息又慢慢调整过来了。

另外，控制食物的量有利于预防上火等疾病。在传统中医里，食物都是有属性的：寒热温凉。因此，一样食物不能吃太多。同样的东西不给宝宝吃太多，显然就会极大减少上火、拉肚子等疾病的发生。

定时定量喂养的弊端

最大的弊端就是束缚了宝宝的天性。其实，宝宝自己也知道自己什么时候吃饱了，什么时候困了。我们家麦子就是这样，一样东西她不吃了，就会使劲摇头加摇手。要喝水吃东西就会指着奶瓶嗯嗯啊啊。有时候一个玩具孩子能玩几个小时，有时候她又什么都不喜欢玩。困了，她就趴到你身上。如果这些事情都顺其自然，让宝宝自己决定，显然对培养宝宝的个性是有好处的。家长只需要在必要的时候稍微控制一下就好了。

第二个弊端是定时定量可能跟不上宝宝的变化。如果家长定得太死，宝宝的发育又太快，那么计划很有可能就跟不上变化。如此这般，定时定量就会产生不好的效果了。可能让宝宝吃不饱，或者让宝宝睡太多。

定时定量喂养必须用到好处，这是一个灵活的方法。

啃着。

手手望着你，

美味烧腐竹

营养价值：健脑，补硒，补充维生素D。

主料：水发腐竹（1斤）

辅料：香蘑或口蘑（2两）、黑木耳（1两）、胡萝卜少许

调料：油、盐、姜末、老抽、白糖、蘑菇精、淀粉

做法：①将腐竹用水发开后挤干水分，切成斜刀一寸长的段，口蘑切片，黑木耳洗净，胡萝卜切成斜刀薄片备用。

②锅内入油烧热，下入姜末爆香。然后放入少许老抽，将腐竹、口蘑片、胡萝卜片放入翻炒片刻。

③放入黑木耳、少许盐、白糖和清水，小火煮开，等汤汁都被腐竹吃进去后，放入少许水淀粉勾薄芡。最后放入少许蘑菇精，即可出锅。

给宝宝吃多少零食不算多

文/圆融一笑

转眼，女儿麦子快14个月了。昨天晚上，我被麦子爷爷和麦子奶奶狠狠地训了一顿。他们说，麦子本来吃饭都很好，有时间点，有一定量，就是因为我不加节制地给孩子吃零食，导致麦子现在不爱吃米饭了。我很虚心地接受了他们的教训。确实是我错了，可是我忍不住要给麦子吃零食，因为给她吃零食，她就很开心。麦子妈妈下班回来，来了一句："据说给孩子吃太多糖，会影响智力发育。"看来我真成了全家所指的罪人了。麦子爷爷还冷哼了一声："还学中医呢，不知道怎么学的。"

我真是汗流浃背，无地自容啊！要说我不懂吧，真不是。我也知道给孩子不能吃太多零食。原因很简单：

第一，现在的食品并不安全。几乎所有的零食都有添加剂和防腐剂，有些还有激素。大人吃了尚且会得各种病，1岁多的宝宝吃了，肯定是害处很多的。当然，也有相对安全的零食，比如水果。

第二，零食吃多了，宝宝吃正餐就少了，影响宝宝的正常发育。宝宝的味蕾很发达，白米饭也吃得津津有味。零食的味道一般比较刺激，如果给宝宝吃多了，宝宝以后可能就会挑食，不爱吃正餐。

第三，有些零食可能不适合宝宝吃。我曾经在宝宝几个月大的时

候给她喂过一次蜂蜜水。后来朋友一提醒，我猛然醒悟：原来宝宝是不能吃蜂蜜的。蜂蜜可能引起性早熟，也可能引起拉肚子。五谷杂粮给宝宝吃，这一般是没有任何问题的。零食种类太多，我们的知识又不可能那么全面。因此，少吃才是最安全的。

对于给0～3岁宝宝吃零食的问题，我觉得还是可以给他们吃。注意选择健康的零食，注意一种零食不要让宝宝吃太多就可以了。不过，我反省：用零食来激励宝宝的方法是不可取的。最好的方法是，自己亲自学习并动手给孩子做一点零食吃。这样大人放心，宝宝开心。

白玉翡翠红玛瑙

营养价值：补虚健体，减肥美容，益气宽中。

主料：杏鲍菇或茭白（半斤）、豌豆粒或毛豆粒（2两）

辅料：红菜椒（1个）

调料：油、盐、花椒、姜末、老抽、白糖、蘑菇精

做法：①将杏鲍菇洗净切薄片或将茭白去皮，用开水焯一下（可以去除草酸），捞出破成两半，再切成斜长片备用。

②红菜椒洗净去蒂和籽，切成长条备用。

③将豌豆粒或毛豆粒放入开水锅里加少许盐煮7分钟捞出备用。

④锅中入油烧热，放入花椒、姜末爆香。杏鲍菇（或茭白）、碗豆粒（或毛豆）、红菜椒下锅，放入几滴老抽、盐、白糖，翻炒片刻后加入蘑菇精，即可出锅。

春天呀，原来是炒出来的

文/羽翎

春天就像豌豆一样
一粒粒从豆荚中跳出来
跳到碗里　跳到盘子里
还有些淘气　溜去不知哪个角落

厨房里妈妈正忙着
要把它们都洗得干干净净
还要给豌豆们找些伙伴
因为春天啦　不光只有绿色

妈妈找来了红色和白色
还取了个好听的名字
白玉　翡翠　红玛瑙
春天呀　原来是这样炒出来的

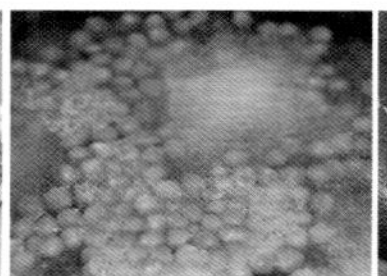

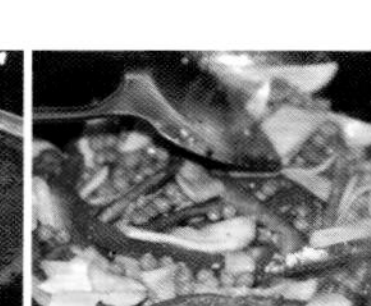

鱼香白菜

营养价值：益胃生津，清热除烦。

主料：白菜

调料：油、盐、葱、姜、豆瓣酱、白糖，生抽、醋、高汤（用蘑菇精沏水也可代替）

做法：①葱洗净切小段，姜洗净切成丝备用。

②白菜洗净后，将菜叶撕成片，菜心切成块备用。

③将葱花（留一点葱白）、白糖、生抽、醋、高汤拌在一起调成汁。

④锅中入油，油热后下入姜丝、葱白、豆瓣酱爆香，加入白菜心，翻炒片刻后，再将菜叶加入，一起翻炒。

⑤然后将配好的调味汁倒入，待菜心变软即可出锅。

小猫也想吃的白菜

文/羽翎

妈妈说
路边那些白菜啊
它们藏起了自己的心
你得一层一层
剥开

用手撕成
一块绿色　一片鹅黄
用酱料　辣椒一起煮
哎呀　我的小猫也忍不住了
它正在桌底下
滴口水

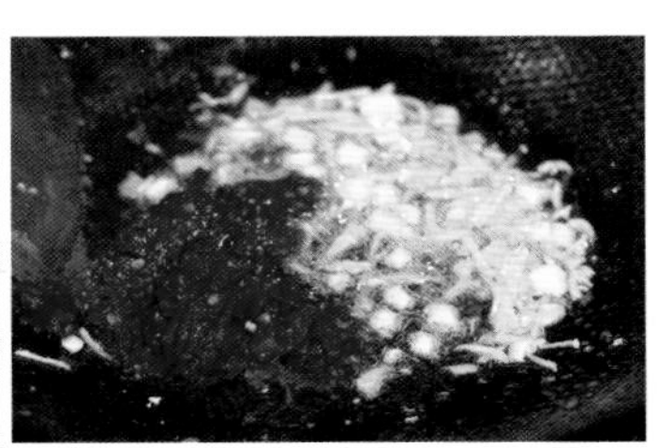

木耳炒烤麸

主料：木耳、烤麸

调料：油、盐、白糖、酱油、小葱

做法：①如果木耳、烤麸是干的，先用清水泡开。

②泡开的木耳洗净撕碎备用。

③泡好的烤麸切成块，温水清洗，像洗衣服一样把水挤干，再用水泡，再挤。如此反复，直到把小洞里的异味清除干净。

④小葱洗净、切碎备用。

⑤锅中入油烧热，下入木耳、烤麸，不断翻炒。

⑥翻炒约5分钟后，加适量盐、白糖和酱油，炒匀。

⑦最后加入小葱炒匀即可出锅。

耳朵一般的小花朵

文/羽翎

有时候爬山
我们会发现一些蕨菜
还有小小的蘑菇
但那些阔叶树上的
像耳朵一般的小花朵
妈妈会把它们采下来
和面筋一起
做一道爬山出汗后的慰劳品

清炒黄瓜花

主料：黄瓜花

调料：橄榄油（或普通植物油）、盐

做法：①黄瓜花洗净滤水备用。

②锅中入油大火烧热，下入黄瓜花大火翻炒。

③翻炒几十秒之后，放入适量盐，即可出锅。

TIPS 小贴士

此菜清脆爽口，极为美味。翻炒的时间一定不能过长，否则失去了鲜味。最好不要添加其他调味料，这样才能保持黄瓜花的原味。

水晶盘里的黄瓜花

文/羽翎

我最想春天能
让它开花就开花
让它变绿就变绿
人人都说这是白日梦
可厨房忙碌的妈妈说
这才不是白日梦
不信你试试
把有小花冠的嫩黄瓜
排在一起
你看
是不是春天就这样
摆在了水晶盘里

蘑菇煨腐竹

主料： 蘑菇、腐竹

调料： 油、盐

做法： ①腐竹用开水泡发，洗净切成小段备用。

②蘑菇洗净撕成小条备用。

③砂锅中放入少许油烧热，依次下入蘑菇条和切好的腐竹，盖上盖，小火熬煮。

④约 5 分钟后，放入少许盐，拌匀即可出锅。

因蘑菇含水丰富，不必加水。

金黄的腐竹

文／羽翎

那些地地道道的农家腐竹
要经过许多工序
用水浸泡一个晚上
再用清水冲洗
这样浸泡过的黄豆才没有杂味
而磨浆是耗时的
古时候　人们用手推着石磨磨豆浆
就算现在用电了　也不能图快
因为所有的美食必须要有耐心等待
把石磨磨出来的豆浆倒入榨浆袋内
顺时针或者逆时针拧几圈
压缩榨浆袋空间
洁白的浆水从细小的布孔挤出
然后进入煮浆
那些农人用最原始的方法
用草来煮沸这些浆汁
直至锅面结成一层浆膜
用他们粗大的中指食指和拇指
在锅面浆膜中一夹　迅速提起
然后拿到太阳下晒一晒
那些金黄的腐竹
就那么软软地进入了你的嘴里
你可曾想到它们的经历

笋尖煨腐竹

主料：腐竹、笋尖

调料：油、盐

做法：①腐竹用开水泡发，洗净切成小段备用。

②笋尖洗净切成薄片备用。

③锅中放入少许油烧热，放入适量清水，然后依次下入切好的笋尖和腐竹，盖上盖，小火熬煮。

④约 5 分钟后，放入少许盐，拌匀即可出锅。

板桥画竹

文/羽翎

只要冬天刚离开
那些裹着点泥土的笋子
就会突然在集市里出现
好像从没有离开过
我想起郑板桥了
这个画了一辈子竹的怪人
是不是最喜欢那些尖尖的笋尖呢
是不是他的手不画画时
就只用来一层层
剥开鲜嫩的春笋

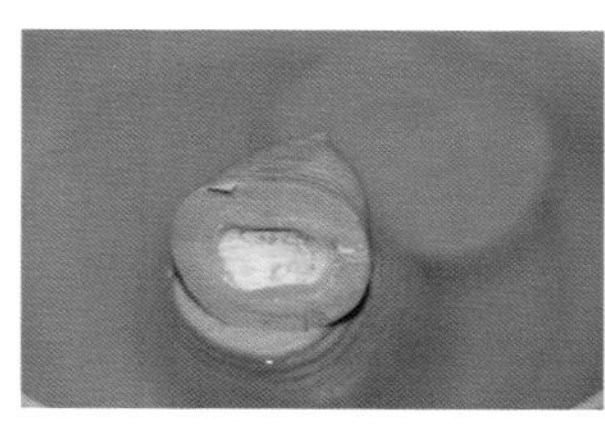

2 / 小菜类

鲜蔬托面

主料：普通面粉、新鲜蔬菜

调料：白糖、植物油

做法：①面粉加水调成比较稠的面糊。

②蔬菜洗净备用。

③锅中放入较多的植物油，烧热之后，将菜叶或者菜花沾上面糊，放入锅中煎炸。略炸片刻，即可出锅。蘸白糖食用，又鲜又香又甜，极为美味。

免费的好心情

文／羽翎

夏天的清晨
我们一定要早一点起床
有免费的阳光
免费的清风
免费的鸟叫
甚至有免费的一朵月季花刚刚开放
这样的清晨
我们和心爱的人一起吃面
只要配上几根蔬菜和黄瓜
就有一个免费的好心情

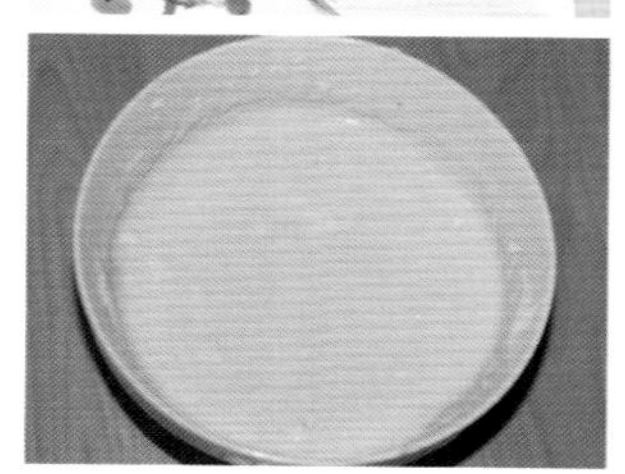

菊花粉片

主料：糯米粉、干菊花（可直接食用的）

调料：白糖、植物油

做法：①糯米粉调成较稠的糊。

②干菊花用水微微泡开，洗净备用。

③锅中放入较多的植物油，烧热之后，将菊花沾上面糊，放入锅中煎炸。菊花炸开，即可出锅。蘸白糖食用，清香溢满齿牙之间。

耀眼的菊花

文／羽翎

喜欢野地里的小菊花
一年四季　没人照顾她
但在金灿灿的九月天
她开的花蕾总是比
梵高的向日葵更明媚
为了偷到她的这份耀眼
我裹了一层面粉
将她油炸了
画在了我的盘子里

清炒鸡毛菜

主料：鸡毛菜

调料：油、盐、白糖

做法：①鸡毛菜洗净，迅速过水焯一下。

②锅中入油烧热，下入鸡毛菜，翻炒几十秒之后，加入适量盐和白糖，即可出锅。

鸡毛菜的秘密

文/羽翎

小时候妈妈总说
晚上我们吃“鸡毛菜”
我总以为那是
和鸡毛一样的菜

我偷偷拔了
一只鸡的羽毛含在了嘴里
可它们什么味道也没有
只是弄得我嗓子痒痒的
我决定以后晚上要
离鸡毛菜远远的
远到连它的影子也
看不见我

这是个秘密
我现在没法告诉你
因为我嘴里塞满了
好吃的“鸡毛菜”

凉拌豆腐

主料：豆腐（1块）、榨菜少许

辅料：朝天椒、香菜

调料：油、盐、酱油、醋、生姜、香油、白糖

做法：①将袋装榨菜切成碎末，越细越好，也可以用搅拌机直接搅碎。如果是大头菜那种榨菜片要先用清水浸泡5分钟，去掉多余的盐分，然后切成细粒，加少许白糖拌匀。

②豆腐在开水中煮5分钟，捞起放凉，切成小片备用。

③朝天椒洗净切成圈，生姜洗净切成末，过热油备用。

④香菜去根、洗净、切末备用。

⑤盐、酱油、醋、香油、白糖调成汁。

⑥最后将榨菜、姜末、辣椒圈（连油一起）、香菜末放在豆腐上，淋上调料汁即可。

TIPS 小贴士

1.煮豆腐时加一勺盐，可以去除豆腐的异味。

2.煮豆腐时不要加盖，用小火，以免煮成蜂窝状。

3.要等豆腐完全放凉后再加入调料，否则味道将会大打折扣。

豆腐棋盘

文/羽翎

那些洁白柔软的豆腐
被妈妈切成小小的方块
我问妈妈
为什么不切成圆形或者三角形
妈妈说
方块适合排棋盘
我们将豆腐排成两排
就像两军在对垒一样
然后糊涂的妈妈呀
在豆腐上撒下切得碎碎的
朝天椒　榨菜丝还有香菜
让我分不清它们谁是兵　谁是将
谁是元帅

凉拌长生果

主料：花生米

辅料：香菜

调料：油、盐、醋、香油、芝麻、生抽、白糖

做法：①将香菜去根洗净，切成 1 厘米左右的小段备用。

②将花生米放入锅中，加入少许盐后翻炒约 20 分钟，炒熟后盛出备用。

③将炒好的带盐粒的花生米筛出，去红皮，碎成两半后与香菜一同放入碗中，加入适量白糖、醋、生抽、香油和少量盐，拌匀后撒入少许芝麻即可食用。

长生果的游戏

文/羽翎

至于花生
我一直在玩一个游戏
朝天一抛
有几粒滚到地上
有几粒砸在我鼻梁上
有几粒飞到马尾辫里
还有几粒不小心将我的腮帮子狠狠一击
可为什么
就没有一粒乖乖落到我嘴里呢

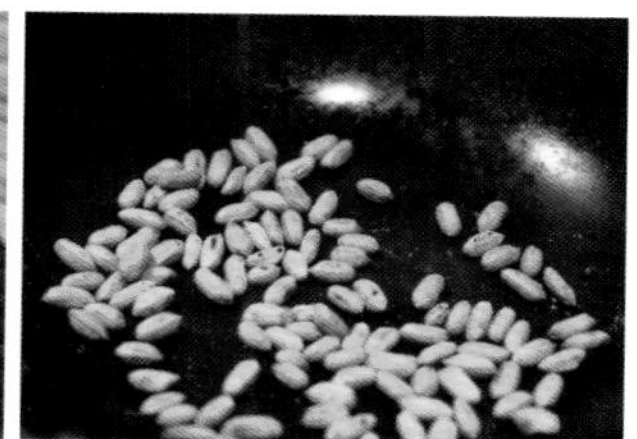

3 / 汤煲类

湖南汤

营养价值：美容，通便，抗疲劳。

主料：鸡蛋，桔饼，花生仁

调料：油、盐、白糖

做法：①鸡蛋 1 个，打在碗里搅烂备用。

②花生仁炒熟去皮备用。

③桔饼切薄片备用。

④锅中放入少量油，油热后倒入适量清水（根据家人喝的量）烧开，下入桔饼和花生，略煮片刻。

⑤将打好的鸡蛋倒入锅中，用锅铲顺时针搅拌。然后加入适量白糖，拌匀即可出锅。

猫咪偷喝了我的汤

文/羽翎

我看这碗汤
有半个小时了
然后我转动地球仪
明确告诉我的小猫咪
那上面有个湖南省
我们就在湖南这个小点里
可我从没有喝过叫“湖南汤”的汤
而且汤里只有桔饼　鸡蛋和花生仁
也没有红红的辣椒

我很苦恼
为什么叫它“湖南汤”
可转眼间汤不见了
是小猫咪偷偷喝掉了

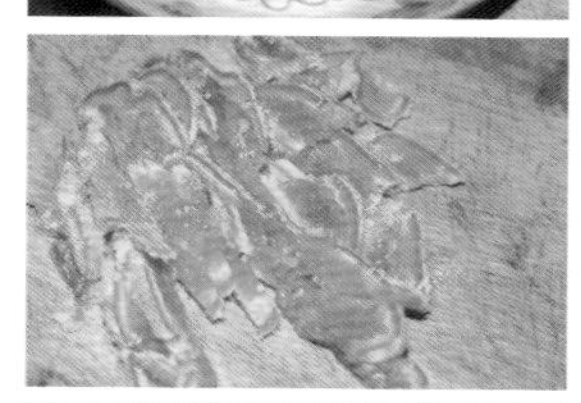

芋头红枣煲山药

营养价值：抗衰老。

主料：芋头、山药、红枣

辅料：桂圆

调料：油、盐、白糖

小贴士

放一些胡萝卜、花生米、圆白菜（卷心菜）进去一起熬制，味道更加鲜美。

做法：①芋头（不要选太大的）去皮洗净，每一个都切成两半备用。

②山药洗净，刨去表皮，切滚刀块备用。

③红枣放入凉水中，浸泡 10 分钟，洗净备用。

④桂圆剥皮洗净备用。

⑤将芋头、山药块、红枣、桂圆放入瓦罐中，加水（加足水，熬汤中间是不能加生水的）大火烧开，调小火或文火熬制 2 小时。

⑥汤熬制 2 小时后，加入适量盐、白糖。搅拌均匀，即可出锅。

八千年的红枣

文/羽翎

据说八千年前的中国
就有红枣了
可八千年前我在哪呢
是不是腰间围着野草
头上带着花冠
赤脚爬在树上摘着红枣呢

虽然我现在穿着T恤　牛仔裤和帆布鞋
很斯文地喝妈妈做的芋头红枣煲山药
但我还是好想
把红枣在手里搓一搓　直接扔到嘴里

素汤一

营养价值：补气养血，补充多种维生素和微量元素。

主料：黄豆芽（1斤）、鲜香菇（6朵）

辅料：水发木耳少许

调料：花生油、盐、生姜、八角、花椒、白糖

做法：①黄豆芽去根洗净，香菇切片（不用太薄），水发木耳洗净，生姜洗净切片备用。

②锅烧热后加适量花生油，油热后加入3大片生姜和适量八角、花椒爆香，然后下入黄豆芽翻炒约1分钟后，根据食量加入足够的清水。大火烧开后，盖上锅盖改小火慢熬。

③5分钟后，往锅中下入香菇片和木耳，继续小火熬制。

④10分钟后，放入适量的盐和少许白糖，即可食用。

玉如意

文/羽翎

据说在宋朝
每根豆芽都像
晶莹洁白的玉如意
可妈妈说
现在好多豆芽用了激素
为什么呀
为什么就不能
让这些豆子自己长出来
像妈妈生我们那样

我想宋朝
一定有世上最多最好的
玉如意

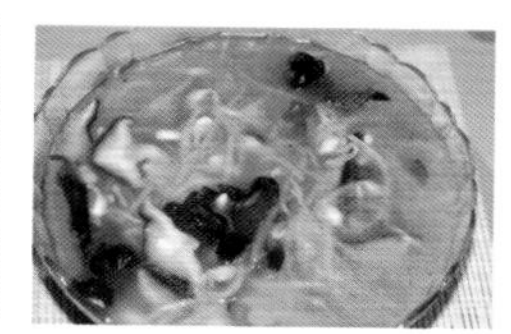

素汤二

主料：口蘑（半斤）、白灵菇或鲍鱼菇（半斤）

辅料：豆油皮1张、嫩玉兰片少许

调料：油、盐、生姜、八角、花椒、白糖

做法：①将口蘑和白灵菇（或鲍鱼菇）洗净切成约3毫米厚的薄片，豆油皮洗净后切成手指宽、3寸长的长条，嫩玉兰片、生姜洗净切薄片备用。

②锅中入油，烧热后下入姜片、八角、花椒，爆香后放入口蘑、白灵菇片，翻炒片刻后，根据食量加入足够的清水。大火烧开后，盖上锅盖改小火慢熬。

③熬制10分钟后，放入豆油皮、玉兰片继续小火熬制10分钟，最后加入适量的盐和少许白糖即可。

TIPS 小贴士

汤做好后，可以直接喝，也可以下面，放入青菜，滴入香油，美味无比。

石头汤

文/羽翎

我们来做汤吧
你拿一点白灵菇
我拿一些鲍鱼菇
再来一点豆油皮
我们不是在过家家
我们是在做石头汤

过路的人啊
如果你也想尝尝
就请再添些玉兰片
或者随你了
喜欢添什么都行

珍珠翡翠白玉汤

主料： 老豆腐（1斤）、黄瓜（1根）、竹荪（1两）

调料： 素汤、油、盐、姜末、干淀粉、香油

做法： ①将老豆腐蒸2分钟，取出晾凉后用手反复抓挤直到变成很细的豆腐泥，放入适量的盐和姜末，再加入约1汤匙干淀粉，搅拌均匀放一段时间，待其入味。

②将黄瓜去皮切成菱形薄片，竹荪用水泡发后，洗净切成小段备用。

③将素汤入锅烧开，下入竹荪略煮。

④将入好味的豆腐泥用手挤成直径约2厘米大小的小丸子下入素汤中。

⑤中火将汤烧开，待豆腐丸子都浮起来后，下入黄瓜片。再煮片刻，滴入香油，即可出锅。

TIPS 小贴士

1.豆腐丸子不要太大，否则易碎。

2.如果豆腐泥沾手，可以在手上沾些水再挤。

3.这道汤中，丸子是珍珠，黄瓜片是翡翠，竹荪是白玉。

流浪前，再喝一碗珍珠翡翠白玉汤

文/羽翎

我想骑着竹荪的小伞
四处流浪
虽然我不知道
自己能走多远
也许像蒲公英
遇到风了
就能飞到亚马逊森林里
但我的小猫咪拽着我的裙子说
在我带着它流浪前
让它再喝碗
妈妈做的珍珠翡翠白玉汤

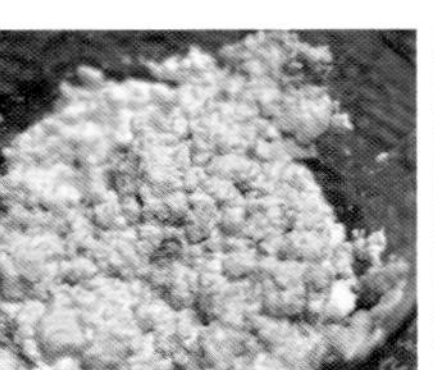

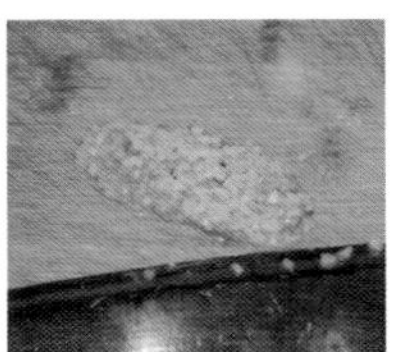

四喜鲜菇煲

主料：袖珍菇、杏鲍菇、海鲜菇、蟹味菇（等量，凑齐四种菇即可，不必非得这四种）

调料：油、生抽、素蚝油、拌饭酱

做法：①四种菇清洗干净切成差不多大小。

②将四种菇依次放入砂锅中，加入1勺拌饭酱，放入1勺素蚝油，2勺生抽。

③盖上锅盖，小火将所有食材煲开后关火焖一会儿即可。

TIPS 小贴士

1. 整个过程中不用放一滴水，因为蘑菇本身就是含水量比较高的食材，放入煲中用小火焖煮这样才不会粘锅，蘑菇中的水分会慢慢逼出。

2. 一定不要放盐，所有调料本身都含有盐分。

3. 菌菇种类可随个人喜好增减。

前世

文/羽翎

也许
我前世是截腐木
那些小蘑菇们曾经在我身上
叽叽喳喳吵不停
它们一个夜晚就建起好多
胖胖的小房子

黄豆芽春菜汤

营养价值：促进消化，补充维生素。

主料：黄豆芽、腌白菜
调料：油、盐、蘑菇精

腌白菜古时叫春菜。

做法：

①黄豆芽去头和根，洗净滤水备用。

②腌白菜洗净切碎备用。

③锅中入油烧热，下入黄豆芽略炒片刻，放入清水，没过黄豆芽，大火煮开后小火熬煮。

④煮 3 分钟后，放腌白菜，加适量盐，再煮片刻，放入适量蘑菇精拌匀，即可出锅。

懒洋洋

文/羽翎

冬天的星期日
谁都不想起床
我和我的小猫蜷在被子里
无论玉皇大帝
还是观世音菩萨
都休想让我们钻出被子
爸爸好像叫的是我
他说　小懒虫起床了
可我的耳朵里藏着一条虫子
它把爸爸的声音全都吃掉
又脆又嫩又酸的春菜汤哟
真好喝呀
谁来晚了　可就没有了
妈妈的声音从客厅传来
小猫立即竖起了耳朵
开始眼巴巴看着我
哎　我就知道
你是只小馋猫

4 糕点类

老婆饼

油酥原料：低筋面粉 140克、黄油70克

油皮原料：普通面粉200克、白糖20克、黄油60克、水100克

紫薯馅原料：紫薯80克、白糖40克、色拉油15克、椰蓉10克、糯米粉40克、温水20克、淡奶油15克

糯米馅原料：糯米粉140克、砂糖140克、酥油150克、水230克

调料：全蛋蛋液、白芝麻

小贴士

原料的分量不必太过严格，烤箱温度可根据环境温度适当调整。

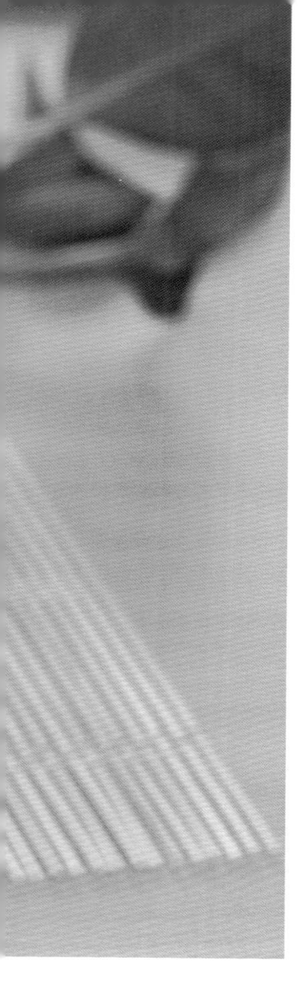

做法： ①油皮制作：将油皮原料混合后揉成光滑的面团盖上保鲜膜饧 30 分钟。

②油酥制作：黄油切丁，将低筋面粉过筛倒在案板上，筑起粉墙，在中间加入黄油丁，用刮刀切拌，让低筋面粉和黄油均匀混合成油酥面团。

③紫薯馅制作：将紫薯切成小丁放入蒸锅内蒸熟后拿出来备用；糯米粉（包括做糯米馅的糯米粉）放入蒸锅内上汽蒸 5 分钟做成熟糕粉（炒熟亦可）备用；将白糖用温水化开，然后倒入紫薯中，加入色拉油后用棒槌砸成紫薯泥；加入淡奶油混合均匀后加入椰蓉混合；继续加入过筛的熟糕粉混合均匀做成内馅；将做好的内馅分割成每个约 30 克重的小团，放入冷藏室备用。

④糯米馅制作：小锅里加入砂糖和水，加热至滚开，关小火，加入酥油搅拌至融化，熄火；等温度略为降低后加入熟糯米粉搅拌至大致成团；平盘上铺一层保鲜膜，把糯米团馅整锅倒入平盘，然后放进冰箱冷冻室，冷冻 20 ～ 30 分钟至糯米团变凉且周围的油变成半固状；取出糯米团，放在案板上来回搓揉至所有油脂融入面团，揉至表面光滑即可；然后再将糯米团放进冰箱冷藏室冷藏 20 分钟；再次取出糯米团，分割成每个约 30 克重的小团，再放入冷藏室备用。

⑤将饧好的油皮等分成 22 份，将油酥等分成 11 份。用油皮包住油酥做成圆形面团，收口朝下放置。

⑥将面团擀开成椭圆形，翻面后卷起，盖上保鲜膜饧 15 分钟。

⑦将面团重复擀成椭圆形翻面后卷起，接着饧 20 分钟。

⑧ 将全蛋蛋液用打蛋器打发。

⑨将面卷两头隆起压扁，擀成圆形包入馅料收口朝下，按扁后略擀开成圆饼，用刀将表面化开 3 道划痕，刷上蛋液撒上白芝麻。

⑩烤箱预热 170 度，中火，时间 20 分钟。

老婆饼的几个故事

文/圆融一笑

相传，元末明初期间，元朝的统治者不断向人民收取各种名目繁杂的赋税，人民被压迫、掠夺得很严重，全国各地的起义络绎不绝，其中最具代表的一支队伍是朱元璋统领的起义军。朱元璋的妻子马氏是个非常聪明的人，在起义初期，因为当时战火纷纷，粮食常常不够用，军队还须东跑西走地打仗，为了方便军士携带干粮，于是马氏想出了用小麦、冬瓜等可以吃的东西和在一起，磨成粉，做成了饼，分发给军士，不但方便携带，而且还可以随时随地吃，对行军打仗起到了极大的帮助。由于这样乱七八糟加在一起的东西做出来的饼比较难吃，于是聪明的人们就在这种饼的基础上更新方法，最后人们发现用糖冬瓜、小麦粉、糕粉、饴糖、芝麻等原料做馅做出来的饼非常好吃，甘香可口，这就是“老婆饼”的始祖了。

故事一：

以前有一对恩爱但家庭贫穷的夫妇，由于老父病重，家中无钱医治，媳妇只好卖身进入地主家，挣钱给家翁治病。失去妻子的丈夫并没有气馁，研制出一道味道奇好的饼，最终以卖饼赚钱赎回了妻子，重新过上了幸福生活。这道美食流传开来后，便被人们称作“老婆饼”。

故事二：

从前有一对恩爱夫妻（好像故事都是这样开头的），老婆整日操劳，身体不好，每日没有胃口、日见消瘦。老公为了老婆身体健康，自制美味糯米馅饼。老婆吃了之后，胃口大开，身体也转好。后人因此命名此种馅饼为“老婆饼”。

故事三：

有一个潮州人到广州做了点心师傅，一次他回老家探亲时，带了很多广州点心回去给家人品尝。谁知老婆吃了他千辛万苦带回来的点心，却说，“这些广州的名点还没有我做的冬瓜角好吃呢。”潮州师傅不相信，老婆便以冬瓜茸为馅、面粉为皮，做了些冬瓜角给他吃，他吃过之后，果然觉得好吃。在探亲结束后，他又让老婆做了一大包冬瓜角，带到广州给其他师傅品尝。没想到大家吃了之后，也连声道好。由于这点心为潮州师傅的老婆所做，大家便叫它“潮州老婆饼”。

奶香南瓜派

营养价值：南瓜富含维生素、矿物质和纤维素，具有解毒、助消化、预防癌症、延缓衰老等作用。

派皮原料：低筋面粉100克、黄油40克、细砂糖10克、水少量

派馅原料：南瓜泥150克、低筋面粉6克、盐少许、细砂糖50克、鸡蛋1个、牛奶150毫升

TIPS 小贴士

1. 这里用的是6寸派盘的量，具体操作可酌情按比例增减。

2. 看派馅是否凝固到位可取牙签一枚插入派馅然后拔出，若牙签上无馅料沾染则派馅已烤熟。此时可关烤箱取出南瓜派。

3. 烤箱温度各有差异，烘烤时间要根据自家烤箱的特点灵活调整，随时关注，以免烤焦。

做法：①南瓜洗净去皮切大块，蒸熟备用。

②利用蒸南瓜的时间称 100 克低筋面粉过筛，40 克黄油软化后切小块，再称 10 克细砂糖。将面粉、黄油、白糖三者揉搓均匀，加少许水揉成面团，饧 15 分钟。

③南瓜蒸熟后，取 150 克南瓜泥、6 克低筋面粉、50 克细砂糖、少许盐、鸡蛋 1 个、150 毫升牛奶一起放入料理机彻底搅打均匀，静置 30 分钟。

④把饧好的面团擀成薄片盖在派盘上，轻压面片使其与派盘紧密贴合，用擀面杖在派盘上滚过，去掉多余面片。在派皮底部用叉子戳一些小孔，防止烘烤时鼓起。

⑤烤箱预热到 200 度左右，将静置好的馅料倒入派皮中，放入烤箱中层。先 200 度，烤 15 分钟，再将温度降至 175 度，烤 20 ~ 25 分钟，派馅凝固即可取出冷却、脱模。

静享人生的云淡风轻

文/燊燊妈

有人说，秋天是落寞的，因为一进入秋季，冬天就不远了。也有人说，秋天是喜庆的，经过春和夏的耕耘，在秋季，我们可以共享收获的喜悦。我更爱后者的说法。当夏季宣告结束，秋日的果实便纷至沓来。红枣、石榴、柿子、玉米、柚子、山楂、栗子、秋藕，数不胜数，当然还有我钟爱的南瓜。

南瓜的表皮和果肉，经阳光一照，总是金灿灿的，煞是惹人爱。南瓜的滋味那么清甜。无需任何雕琢，只把南瓜洗净去了籽，再切成块往锅里一蒸，就那么简单。出锅时，一股清香扑鼻而来。举一块送入口中，甜而不腻，满口香糯，忍不住再来一块。直到把盘中南瓜一一消灭，仍意犹未尽。取来汤匙舀1勺盘中的汁水，那是怎样的甘甜，似乎所有精髓在此浓缩。

低调、简单、却精彩，这便是我爱南瓜的缘由之一。今秋，我决意给心爱的南瓜来一番隆重的包装，我要做一款奶香浓浓的南瓜派。朴实如南瓜，若往其中添加黄油、牛奶、鸡蛋，那会是怎样的情形？

事实上，我发现，我真的偏爱南瓜。以至于在派的制作过程中为它准备了许多绿叶。用低筋面粉、黄油和白糖做成的派皮，无疑是最大的衬托。派皮默许了自己的寡淡少味，无言地承载着派馅的光彩夺目。我用低筋面粉、牛奶、鸡蛋、白糖和盐来为南瓜泥调味，果然不同凡响。我拒绝了椰浆，因为它过于香浓，会夺去南瓜天然的清香。而牛奶，它天生就有好人缘。与咖啡合作，浓烈的咖啡便温柔有加；与茶叶合作，孤傲的清茶便万人追捧；与南瓜合作，清甜的南瓜便浓香四溢。脱模的时候，望着澄黄的派馅和曲折的派皮浑然一体，我诧异于自己已在不知不觉中将南瓜派做成了一朵花。

切下一角慢慢品尝，绵软的南瓜馅配着酥松的派皮，真正是色、香、味、形俱全。其口感既有点像蛋挞，又有点像布列塔尼奶油蛋糕。然而，当那一丝丝似有若无的南瓜清香在鼻尖飘拂，我才明白，无论添加多少调料，南瓜仍执著地坚持着自己清新淡雅的本色。

生活中，我们也常会处于不同境地。有时是清蒸式的平淡，有时是烘焙式的娇宠，无论何种情形，若能始终不失自我，宠辱不惊，便能笑看风云，静享人生的云淡风轻。

旺仔小馒头

营养价值： 自制的旺仔小馒头，不含防腐剂，很适合给宝宝做小零食或磨牙。提取于牛奶的黄油有很好的补钙作用。

主料： 低筋面粉135克、玉米淀粉60克、黄油120克

辅料： 蛋黄3个、泡打粉3克

调料： 糖粉51克

做法：

① 黄油切小块，软化后与糖粉混合，用打蛋器打发至黄油颜色变浅，体积膨大。

② 鸡蛋取蛋黄，分 3 次将蛋黄加入打发好的糖油混合物中，彻底搅打均匀。

③ 将低筋面粉、玉米淀粉和泡打粉筛入搅打好的糖油蛋混合物中，反复揉按成面团，静置 15 分钟。

④ 把面团搓成大小均匀的“小汤圆”码入烤盘，烤盘放入烤箱中层，上下火 180 度烤 5 ～ 8 分钟，上色即可。

TIPS 小贴士

1.第3步中，将各类粉与糖油蛋的混合物揉成面团，初时比较难成团，可慢慢按压，让油渐渐渗入粉中。不必非要一下子揉成大面团，可先取一小团握在手中反复揉捏，直到面团均匀，再取一小团操作。

2.小馒头最好揉搓得小一些，因为烘烤后会大起来，揉得太大烤出来的小馒头不好看。码入烤盘时也应留一定间距，否则易粘连。

3.黄油提取于牛奶，有非常丰富的营养。但是，如果小宝宝吃多了容易滑肠，建议食用时适可而止，或者制作时，妈妈们酌情减少黄油的用量。

有爱的旺仔小馒头

文/桑桑妈

旺仔小馒头一直深受小朋友们的喜爱，如果和女儿一起做小馒头，那孩子一定是高兴坏了吧。

果然，当我准备就绪，把面团分成几份端到餐桌上时，女儿立即乐开了花：“哈哈！做小汤圆喽！”三岁半的女儿，精细动作尚未发育完善，她缓缓掰下一丁点面团，轻捏几下，然后放在手心努力地搓。搓了好久，她才停下来，小心翼翼地用拇指和食指把小汤圆举到我面前：“妈妈，你看！”小汤圆被搓出亮光，圆润光洁，我由衷地夸赞道：“又圆又亮，真不错！”听到妈妈的夸奖，女儿更起劲地揉起了小面团。

其实，我家的烤箱纯粹是为女儿买的。当初只是想自己制作糕点，让孩子吃得安全一些。开始玩烘焙我才发现，烤箱的益处远不止这一点。每次做糕点，孩子都特别兴奋，她会跟着掺合。我秤面粉，她也要秤，我压模，她也要压，我过滤蛋清，她也要插一手。有时候的确会被她搅和得有些烦恼，可转念一想，这不正好可以锻炼她的动手能力，培养她做家务的意识吗。

这样一想，我便干脆每次都给她一个手动打蛋器、一点面粉、一个碗、一些剩余的蛋液和模具，由她去胡闹。她总是玩得不亦乐乎，还信誓旦旦地对我说：“妈妈，我长大以后，你去上班，我会在家做好蛋糕等你回来吃。”多么温馨的设想。

烤箱启动，渐渐地有诱人的奶香飘出。这时，我抱女儿到烤箱前，让她看看小汤圆是怎样慢慢膨胀成小馒头的。耐心地等啊等，终于等到第一批小馒头出炉。可是还得等，得等到小馒头冷却才能吃，起码得不那么烫。

女儿耐着性子，好不容易等来了第一颗小馒头，第二颗，第三颗……她甜甜地说："妈妈做的小馒头比买来的好吃，因为妈妈把爱放进了小馒头。"因为有爱，所以她执意要求用小馒头摆出爱心的造型。

烘焙帮助孩子练习精细动作，促使孩子视劳动为乐趣，面粉的可塑性满足了孩子丰富的想象力，等待烘烤的过程使孩子学会了耐心等待，请小朋友到家里来做饼干帮助孩子交到不少朋友。更重要的是，烘焙让亲子关系变得更加亲密。小馒头有爱，有爱的，又何止小馒头。

冰淇淋蛋糕

原料： 蛋糕面粉200克、鲜奶油200毫升、鸡蛋1个、牛奶100毫升、黄油、砂糖、彩色巧克力（或彩色糖）、蜂蜜适量，冰淇淋的量按照自己的喜好来调制（波形蛋糕12个分量）

做法： ①打 1 个鸡蛋在盆里，再加入砂糖、牛奶，用打蛋器搅拌均匀。

②加入蛋糕面粉用打蛋器搅拌，加入融化的黄油，用手快速搅拌，成糊状。

③将搅拌好的蛋糕糊放到模具中，到模具的一半即可，烤箱设置成 180 度，烤 15 分钟左右。

④烤好的蛋糕，冷却后脱模。

⑤在鲜奶油里加入砂糖，打发约 8 分钟，看出有“冰淇淋”的形状就可以了。可以做单层冰淇淋蛋糕，也可以做双层冰淇淋蛋糕。可用彩色巧克力和彩色糖，趁热洒在蛋糕表面。

TIPS 小贴士

1.模具中放入的蛋糕糊一定不要太多，否则烤好后会溢出来。

2.蛋糕糊倒入模具前，在模具上刷一层植物油或者黄油。这样烤好的蛋糕容易脱模，不至于粘住倒不出来。

3.我烤好的颜色有点深，烤的时间短一点，颜色可能就是理想的浅黄色了。

色彩斑斓的冰淇淋蛋糕

文/一航妈

看着烤好的小蛋糕，真有点不敢相信这是我自己做出来的，以前看到别人烘焙蛋糕，我都好生羡慕，希望有一天自己也能为老公为儿子做出香喷喷的蛋糕，因为工作忙，我的这一愿望一直都无法实现。今年春天考虑再三后，我离开了工作10年的IT，开始了全职在家的生活，陪陪孩子，学学英语，搜集各种料理书，开始了我学做料理和烘焙的漫长之旅。

其实，在我妈妈眼里，我笨的出奇，被誉为“手比脚还笨”。可能是孩子给的力量吧，促使我动手来烘焙。做蛋糕用的材料都是我和孩子一起去超市买回来的，然后和孩子一起动手DIY蛋糕，那是锻炼孩子动手能力的最佳机会，也是非常好的亲子时间哦。

心动不如行动，料理和烘焙都一样，熟能生巧，再加上浓浓的爱心，就一定能做出可口的饭菜来。刚开始做烘焙，我都是边看说明书边做的，即使如此也经常以失败告终，但是儿子的一句：“妈妈，你做的比买的都好吃”，这才让我有动力继续做下去，我把做烘焙的经验分享给大家，希望能给喜欢做烘焙的人一点提示。

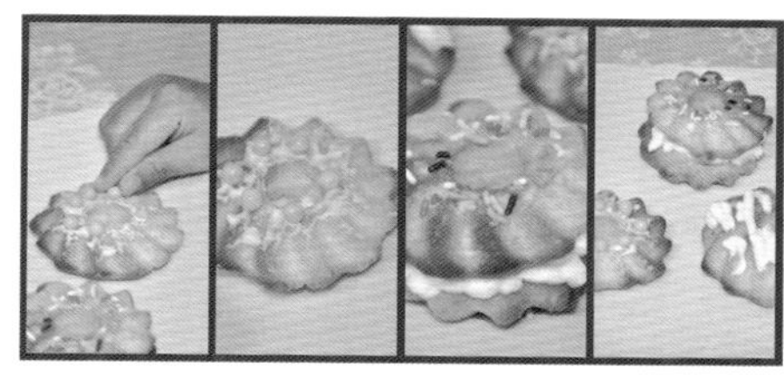

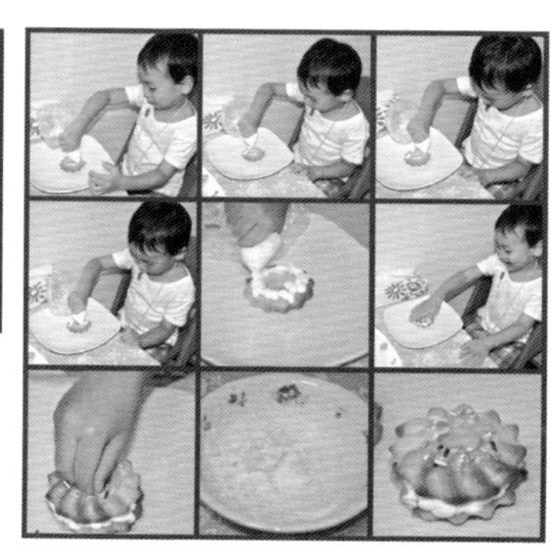

轻乳酪蛋糕

工具： 烤箱、搅拌机（料理机）、圆模或方模一个

原料： 奶油奶酪120克、低筋面粉30克、栗粉15克、动物性淡奶油60克、酸奶75克、韩国幼砂糖60克=8：2：1：4：5：4、鸡蛋2个

TIPS 小贴士

1.做轻乳酪蛋糕，关键是奶酪糊必须具有一定的稠度，这样才容易与蛋白拌匀。否则拌的时候蛋白容易消泡，奶酪也容易沉在底部。而奶酪糊只有在冷藏的温度下才会表现出稠度。所以，如果你是将奶油奶酪放到室温软化后再搅打成奶酪糊的，就必须冷藏较长时间才能让奶酪糊变得浓稠(因此我建议用食品料理机，能节省很多时间)。

2.有很多轻乳酪蛋糕的方子都放了柠檬汁。不过奶油奶酪本身就是一种具有酸味的奶酪，配料里的酸奶也具有一定得酸度，因此这款蛋糕里不需要再添加柠檬汁。我也试过在这款蛋糕里添加柠檬汁，对我来说，口感反而不如不加更清甜。

3.因为轻乳酪蛋糕的面粉含量很少，全靠鸡蛋凝固后的支撑力，所以冷却后的蛋糕有些许回缩是正常现象。只要不开裂、不出现布丁层和大气孔，不严重影响美观，都无伤大雅。

4.轻乳酪蛋糕需要用水浴法来烤，否则容易开裂、表皮干硬。蛋糕一定要完全烤熟，否则内部过于湿软，连切起来都会困难。判断蛋糕是否烤好的方法，用手轻压蛋糕表面，没有流动的感觉了，一般就差不多了。

5.刚出炉的蛋糕很嫩很软，请冷藏至少4小时以后再食用，口感更佳。

6.能不能用其他的奶酪代替奶油奶酪？理论上是可以的。比如最常见的切达芝士也是可以用来制作奶酪蛋糕的。但不同的芝士软硬程度不一样，有些芝士可能需要隔水加热并搅拌较长时间才能软化，而且稍不注意就会凝结成块，难以操作。奶油奶酪较软而且细腻，所以才能成为制作奶酪蛋糕的不二之选。

做法：①制作这款蛋糕可以使用固底模，也可以使用活底模。如果是活底模，可以将活底取出，用锡纸包上，便于将蛋糕整个脱模。如果是固底模，可以在底部垫一张大小合适的油纸或锡纸，不垫纸亦可。

②在蛋糕模壁上抹上一层软化的黄油（用玉米油代替也可以）。

③奶油奶酪、淡奶油、酸奶从冰箱拿出来后，直接称重并放进搅拌机，打到顺滑无颗粒的状态（制作这步的时候，也可以将奶油奶酪室温放置直到比较软的状态，再加入动物性淡奶油和酸奶用打蛋器搅打至顺滑。不过耗时较长，之后也需要花较长时间冷藏。本人在一般省略了称量这个过程，直接目测）。

④用料理机打好奶酪后，倒进大碗里。

⑤向奶酪糊里加入 2 个蛋黄，并用打蛋器搅打均匀。

⑥把低筋面粉筛入奶酪糊里，用橡皮刮刀拌匀。

⑦ 一直搅拌到低筋面粉和奶酪糊完全混合，把搅拌好的奶酪糊放进冰箱冷藏（如果是采用室温软化奶油奶酪再搅打到顺滑的方法，做到这步的时候奶酪糊可能会比较稀，需要冷藏较长时间直到重新变得浓稠才能继续做下一步。如果直接将奶油奶酪用料理机搅打的话，就不用冷藏那么长时间了）。

⑧接下来打发蛋白。用打蛋器把蛋白打发到呈鱼眼泡形状时，加入

1/3 的韩国幼砂糖并继续搅打。

⑨ 把蛋白打到比较浓稠的状态，再加入 1/3 韩国幼砂糖。再打到表面开始出现纹路的时候，加入剩下的 1/3 韩国幼砂糖。直到把蛋白打发到接近硬性发泡的程度即可（不要打到硬性发泡）。打发好的蛋白，提起打蛋器以后，拉出一个尖尖的角。角的顶端有稍微的弯曲（这个状态很理想，但是也不要奢求，差不多就可以了）。

⑩ 把乳酪糊从冰箱拿出来，这时候乳酪糊应该是比较浓稠的状态。挖 1/3 蛋白到乳酪糊里。

⑪ 用橡皮刮刀把蛋白和乳酪糊拌匀。注意搅拌的手法：从底部向上翻拌。绝对不可以打圈搅拌，否则打发好的鸡蛋会严重消泡，直接导致蛋糕的回缩或者塌陷，甚至无法膨发。

⑫ 将蛋白和乳酪糊拌匀以后，全部倒回蛋白碗里。

⑬ 继续用橡皮刮刀把蛋白和乳酪糊拌匀。记住，不要打圈搅拌。

⑭ 拌好的蛋糕糊应该是非常浓稠细腻的状态。如果太稀或者出现很多小气泡，蛋糕肯定是不成功的。

⑮ 如果是活底的蛋糕模，需要把底部用锡纸包起来，防止下一步水浴烤的时候底部进水。如果是固定模，可以省略这步。

⑯ 把拌好的蛋糕糊倒入蛋糕模里。

⑰ 在烤盘里注水，大概 3 厘米的高度。

⑱ 把蛋糕模放入烤盘里（直接放在水里），把烤盘放进预热好的烤箱下层，160 度，烤 1 ～ 1 小时 10 分钟。直到表皮均匀上色，蛋糕彻底凝固，用手压上去没有流动的感觉时，即可出炉。

⑲ 刚出炉的蛋糕较脆弱，不要立即脱模。待其自然冷却后再脱模（千万不要像戚风一样倒扣冷却）。放入冰箱，冷藏 4 个小时以上再切块食用。

魔术蛋糕

文/羽翎

妈妈会变魔术
她把一些面粉　奶酪　糖和鸡蛋
就这样凑合在一起
放进烤箱
本来是不一样的东西
端出来就变成了
一个又大又好看的蛋糕
知道吗
这可比1+1=2神奇

曲奇饼干

原料： 低筋面粉125克、黄油70克、可可粉25克、鸡蛋液约50克（1个鸡蛋）、韩国幼砂糖（或绵白糖）30克。

做法： ①将黄油从冰箱中拿出来，在室温下软化，然后用搅拌机把黄油打发到霜状（可加入一些酸奶或奶油）。

② 分 3 ～ 4 次往黄油中加入韩国幼砂糖，继续打发。

③将 1 个鸡蛋打碎，用打蛋器打发到接近硬性发泡的状态（密布白色小泡）。

④将打发好的黄油盛到玻璃大碗里，把打发好的蛋液分 3 次倒入黄油中，用刮刀上下搅拌（不要旋转，以免蛋液消泡）。

⑤把低筋面粉、可可粉混合用细筛过滤筛入打发的黄油中，用刮刀上下搅拌均匀。接下来的步骤，有两种选择：一是：揉成面团，装入保鲜袋放冰箱冷藏 30 分钟；冷藏后的面团取出，视自己喜欢做造型。我采用的是另外一种方法（步骤⑥和⑦）：

⑥在烤盘上铺一张锡纸，抹上一层薄薄的熔化了黄油。

⑦将面团放入裱花袋中，通过不同的裱花嘴在烤盘上裱成自己想要的曲奇形状。

⑧190 度预热烤箱。

⑨将烤盘放入烤箱中，在 180 度～ 190 度之间烤 10 分钟左右。温度可根据室温等情况微调，时间也可以适当调整。

TIPS 小贴士

1.模具中放入的蛋糕糊一定不要太多，否则烤好后会溢出来。

2.蛋糕糊倒入模具前，在模具上刷一层植物油或者黄油。这样烤好容易脱模，不至于粘住倒不出来。

3.我烤好的颜色有点深，烤的时间短一点，颜色可能就是理想的浅黄色了。

卷纸烤

文/羽翎

1月时，我在另一个地方来回奔波。

那是一家帮我们设计排版的公司。

公司的老板是一个很有品位的女子。

第一次去她公司时，一眼就喜欢那里的装修。

墙上涂着青灰的颜色，显得典雅安静，四处挂着方方的小装饰画，地上铺着文化石，音响徐徐放着音乐。

一边工作时，一边听音乐，这样的时间过得极快。

我们一边讨论书的内容，还一边饮着热茶。不知不觉，这样奔波的日子竟不觉得累。

去得多了，和那里的姑娘们自然熟起来。

和我们办公室一样，那里的姑娘们也极有意思。桌上都是堆满了书和零食。

饿的时候，我们吃着水果和饼干。

每次过去时，我也会提着一些小东西，大家一起吃。

有次我埋头校稿时，突然伸过一只手，“吃红薯，我用微波炉烤的。”

很早我就想用微波炉烤红薯。但只是想想而已，一直没有行动起来。

“怎么烤的？”

“卷纸啊。”

卷纸也能烤红薯？

“将红薯洗一洗，包上两层卷纸。在卷纸上喷一些水。中火烤，正面6分钟，反面6分钟。”

我很喜欢这种没有放任何佐料的食物。没盐、没糖、没味精、没油、也没有醋。只有它本身的味道。

最单纯的食物，就是它本身自有的味道。而红薯经过烤制后，将它的甜，发挥得淋漓尽致。

吃到嘴里又香又软的食物，在冬季真是一种安慰。

想想人类还没有火的时候，也没有盐的时候，古人们吃的都是生的食物。自从有了火之后，食物的味道发生了巨大的改变。硬的成软的，火对于食物就是绕指柔情，情随意动。

我接受了她的好意，便寻思着将这种好意传递下去。

第二天，我带着红薯在公司烤起来。办公室的姑娘们同我的感觉一样，觉得惊奇极了。

第三天，烤土豆。它所需要的时间比红薯略长一点点。

第四天，烤香蕉。我开始预订了3分钟，但3分钟后拿起这支香蕉。完全是一堆不太好看的样子，像坨屎。我只好丢掉它了。香蕉这样的食物在微波炉中，半分钟足矣。

第五天，我带了芋头。

第六天，轮到了苹果。

第七天，是我最爱的玉米。喜欢这种金黄的食品。就像太阳般，永远充满了温暖，也带给人无穷的力量。

卷纸烤， 就是太浪费纸了，大家可以偶尔试试吧。

猫爪饼干

原料： 鸡蛋1个、低筋面粉100克、幼砂糖40克、可可粉10克、苏打粉1克（或泡打粉2克）、黄油40克（也可以用普通植物油和香油混合后代替）、适量盐

做法： ① 黄油在室温下软化（或用微波炉的解冻来软化），加入幼砂糖搅拌，直至黄油膨松，颜色变浅。

② 将鸡蛋打入一个小碗里，用打蛋器搅拌 3 分钟左右，以有细小的气泡为宜。

③ 加打发的蛋液分 3 次加入搅拌好的黄油中。

④ 将低筋面粉 70g 与苏打粉混合过筛，和适量盐一起加到黄油混合物中。

⑤ 用刮刀将面团混合物搅拌均匀。

⑥ 从面团中取出 1/3，放入另外一个干净的容器中。

⑦ 往 1/3 的面团中加入可可粉，将可可粉慢慢揉进面团，和成一个稍硬的面团。

⑧ 往余下的 2/3 面团中加入剩下的 30 克左右的低筋面粉，逐渐加入（可增可减），直至面团的软硬程度与可可面团相一致。

⑨ 将两色面团各自分成 1 大 3 小 4 份。

⑩ 分好的白色小面团分别揉圆并按压成厚度约为 0.3 厘米的小圆面片；分好的可可小面团分别揉成长短与面片直径相匹配的小条，大的搭配大的，小的搭配小的。

⑪ 用面片将可可条卷起，再用手轻搓成型，使面片与可可条充分贴合。

⑫ 将 3 个细条贴合并粘在较大的粗条上，稍按压，使 4 个小卷紧实地粘在一起。

⑬ 用保鲜膜将面团密封放冰箱冷冻 1 小时。

⑭ 取出面团，将其切成厚度约为 0.5 厘米的片。

⑮ 将饼干摆在铺好油纸的烤盘中，180 度烤 20 分钟，即可食用。

妈妈做的生日礼物

文/羽翎

切　干嘛呀
这又不是你的饼干
这是妈妈亲手为我
做的生日礼物
什么什么
你也要帮妈妈的忙
还是不用啦
你这好馋嘴的小猫咪
谁不知道你经常帮倒忙
什么什么
你也要有特别的礼物送我
哎哟　省省吧
你怎么就知道
我会喜欢一块
印着你爪印的饼干

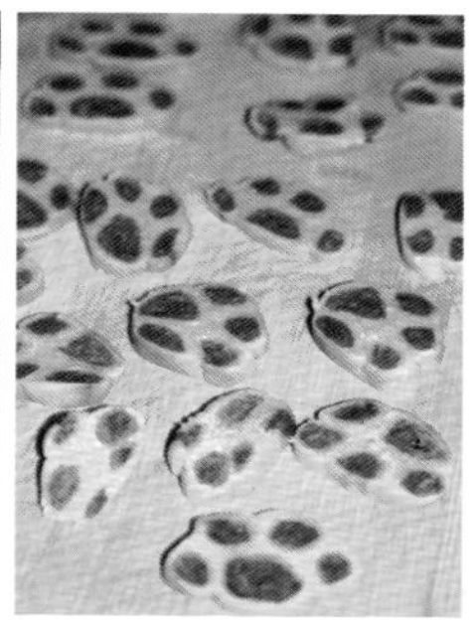

奶香吐司

原料：高筋面粉250克、鸡蛋1个、绵白糖40克、黄油25克、奶粉12克、水145克、盐和干酵母少许。

做法：① 把除黄油以外的所有原料揉成面团。盐要少放一点，酵母的量根据酵母包装袋上的说明来定。揉到起筋后，加入切碎的黄油继续揉，一直揉到不粘手为止。

② 面团放入碗中，盖上保鲜膜，室温发酵到原来的两倍大（一般来说普通的面团在室温 28 度下，发酵约耗时 1 小时左右。测试发酵好的面团用手指沾高筋面粉插入面团中，面团手指孔不回缩即发酵好。也可以在烤箱或微波炉中发酵）。

③ 把面团中的空气挤出，把面团分成 3 份，揉圆并放在室温下饧发 15 分钟。

④ 取一个饧发好的面团，擀成椭圆形的长条。

⑤ 把擀好的椭圆形长条翻面，卷成卷，静置 10 分钟。

⑥ 取一个静置好的面团卷，擀成长条，宽度不要超过吐司模的宽度。

⑦ 把擀好的面团长条翻一个面，卷成卷（一定要卷紧）。

⑧ 将面卷收口朝下放入模具底部。放多少个面卷根据模具大小来确定。

⑨ 把模具放入温度 38 度，湿度 85% 的条件下最后发酵。可以放在烤箱中，放入一碗开水，碗中的水稍凉就换一碗水。发酵时间约 40 分钟左右。发酵到模具 9 分满的时候，盖上盖，放入预热好的烤箱中。165 度烤 35 分钟左右。烤好趁热脱模。再放入烤箱中冷却后，切片食用。

面粉妖精

文/羽翎

看　好好看着
看我的手掌化作
百变的武器
我要修理这些面团

我揉　我剁　我扯　我切
对付这些白色的怪物
你必须全神贯注
它们最喜欢变成轻飘飘的精灵

我手上　脸上
衣服还有空气中
嗨　小猫咪
快看你的鼻子

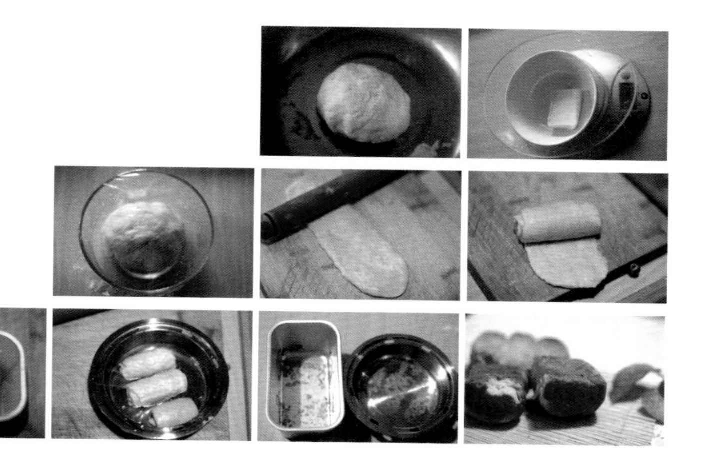

玉米牛奶土豆泥

主料：2个中等大小土豆、100毫升牛奶
辅料：150克玉米粒
调料：20克黄油、盐少许

TIPS 小贴士

1.黄油和盐的用量可以根据自己的口味调整，喜欢的话还可以调入适量胡椒粉，白胡椒或者黑胡椒都可以。

2.除了甜玉米粒，还可以加入青豌豆，毛豆粒等。

做法：①土豆去皮洗净切成小块，入清水煮熟。
②用工具将土豆捣碎（用小勺压碎，或者用搅拌机绞碎也可以）。
③加入牛奶搅匀。
④加入切成小块的黄油不断搅拌至黄油完全融化。
⑤将新鲜玉米的玉米粒剥下来，洗净，用清水煮熟，滤去水备用。
⑥加入玉米粒拌匀，调入盐拌匀，即可装盘食用。

小宇宙

文/羽翎

从土里长大的
土豆说
我们堆一个小宇宙吧
玉米在上面
是星星
牛奶在中间
是月亮
我包围你们
是彩虹

5 / 主食类

糊塌子

主料： 小白菜2棵（喜欢的青菜均可）、鸡蛋1个

调料： 橄榄油、盐

做法： ①洗好的小白菜控干水后，切成小碎块。

②把鸡蛋打入碗中，放入切好的小白菜，添加少许的盐，用打蛋器搅拌均匀。

③平底锅预热后转温火，刷一层薄橄榄油，转动锅柄让油分布均匀，倒入适量蛋液，控制锅柄使蛋液的厚度均一。待成型后，翻面。两面都煎至金黄色后即可出锅。

忆苦思甜的糊塌子

文/一航妈

我家一航不吃煮好的鸡蛋黄，给他做鸡蛋汤时他能连着汤把鸡蛋吃完。但是也不能只喝鸡蛋汤啊，为了让他吃蛋黄，就想起了摊糊塌子。

小时候能吃上一顿糊塌子那是多幸福的一件事啊，想想现在的孩子，要吃有吃要喝有喝，什么都是最好的，是很难理解馋得流口水的那种感觉的。那时家里穷，夏天吃不到肉，妈妈就用蔬菜给我们做糊塌子，以此来还原我们想吃猪肉的愿望。现在条件好了，糊塌子却也经常出现在妈妈的餐桌上，因为它绿色又营养，而且还忆苦思甜。

看着一张张我自己做好的糊塌子，心里充满了喜悦。“妈妈，真好吃，跟姥姥做的一样”，“是不错”，得到爷俩的高度评价，我真有点受宠若惊。一航就这样稀里糊涂地把蛋黄吃了，分不清蛋白蛋黄真是件好事儿，不得不感叹咱们老祖宗的菜谱就是靠谱。

挑食不赖宝宝，是妈妈没有用心做。只要孩子不过敏，就可以把营养卷起来藏起来吃，这是一道最简单的家常早餐饼，健康美味又快捷。

红糖芝麻饼

营养价值：美白祛斑，和中助脾。

主料：面粉

调料：红糖、芝麻

做法：①用温水和一块面，要和得软一些，盖上湿布放温暖处饧 1 个小时。

②饧好的面擀成大面片。

③将面片卷起来，揪成大小均匀的剂子。

④取一块剂子按扁擀成圆形。

⑤用红糖、芝麻、干面粉拌成馅料。

⑥在圆形剂子里包上馅料，收口朝下，按扁。

⑦擀薄后下锅烙。一面烙熟，翻面烙另一面，烙熟即可出锅。

我没有吃过的饼

文/羽翎

妈妈又要做饼了
她总是做呀做
葱油饼
红薯饼
南瓜饼
我都吃厌了
我带着我的猫咪外出捕猎
把月亮摘下来
再撒上闪闪的星星
这样我们就能
做一块红糖的
芝麻饼
这可是
最好吃的

清炖魔芋粉

主料：魔芋粉条

调料：油、盐、香叶

小贴士

煮的时候放入几颗红枣，味道更佳。

做法：①砂锅中放入少许油，烧热后加适量清水烧开。

②将洗净的魔芋粉条和香叶放入锅中，盖上锅盖小火煮 3 分钟左右。

③往锅中放入适量盐，再焖片刻，即可出锅。

减肥

文/羽翎

小猫咪
长得胖滚滚
我的小胳膊抱它很吃力
哎
我点点它的小胡须
小猫咪你要减肥呀
再这样下去
我可不抱你了
小猫咪抓着妈妈的裤腿说
妈妈给我们做一份
吃了不长胖的清炖魔芋粉吧

鸡蛋炒面

主料：挂面、鸡蛋

调料：香辣豆豉、油、盐

TIPS 小贴士

可以放一些青菜。

做法：①挂面煮 5 分钟左右，捞出过凉水，再滤水备用。

②锅中入油，油热放入香辣豆豉煎香，然后将豆豉捞出。

③锅中再加适量油，打入一个鸡蛋，摊开煎熟，再将滤干水的面条放入翻炒。

④翻炒片刻后，加入煎好的豆豉和适量盐，再翻炒均匀，即可出锅。

鸡蛋炒面

文／羽翎

鸡蛋想混进面条的队伍
它开花后生出了好多好多
小娃娃
但聪明的小猫咪一眼就看出来了
谁是面条
谁是鸡蛋
可鸡蛋炒面呀
比一个蛋　一堆面条
好吃

素炸酱面

主料：新鲜面条或挂面、豆腐（2两）、白菜帮（一片）

调料：油、盐、花椒、黄豆酱（或大豆酱）、甜面酱、生姜、白糖适量、蘑菇精

做法：①将豆腐切成 3 ～ 4 毫米大小的丁，在热油中略炸成金黄色后，捞出备用。

②将白菜帮洗净切成豆腐丁一样的大小备用。

③生姜洗净、切末备用。

④锅中入油，油热后下入几粒花椒爆香，再将花椒粒捞出。

⑤锅中下入姜末、黄豆酱翻炒直至黄豆酱发出香味，将火关小。

⑥锅中加入甜面酱翻炒均匀后，加 3 ～ 4 汤匙清水和豆腐丁、白菜丁略炒 1 ～ 2 分钟。

⑦根据个人口味加入盐、白糖和适量蘑菇精，炸酱就做好了。

⑧挂面煮 8 分熟，过凉水后，装入碗中，将炸酱和蔬菜码在上面即可。

TIPS 小贴士

1.可以将豆腐丁替换成鸡蛋丁、面筋丁或茄子丁。法无定法，只要符合食物宜忌规律即可。

2.吃面的时候，可以准备多一点的菜码，如黄瓜丝、芹菜丝、胡萝卜丁、五香黄豆、青菜、豆芽等放到面中，则更佳。

我们用面条来跳绳

文/羽翎

要是有一天
我们都变成了拇指人
就可以在砧板上跳绳
黄瓜　芹菜　胡萝卜丁
黄豆　青菜　豆芽……
大家都一起来
把面条一根根接起来
然后绕在地球上

素炒粉

主料：河粉

辅料：胡萝卜

调料：油、盐、生姜、大蒜、豆瓣酱、蘑菇精

做法：①胡萝卜洗净切小薄片，生姜和大蒜洗净切成碎末备用。

②锅中入油烧热后，下入姜末、蒜末和豆瓣酱爆香，然后下入胡萝卜片翻炒片刻。

③将河粉下入锅中，迅速翻炒 1 分钟左右。加入适量盐和蘑菇精，炒匀即可出锅。

星期天

文／圆融一笑

星期天的早晨
妈妈懒在床上不起来
我饿极了
嚷着要吃饭

妈妈切了一点胡萝卜
三分钟就炒了一碗河粉
我三分钟就吃完了

吃完后
我一边流着口水
一边自言自语
幸亏我吃得快
要是被小兔子知道了
她一定会来抢我的胡萝卜炒河粉

勿忘我粥

主料：大米、干的勿忘我花

调料：白糖

TIPS 小贴士

盖上锅盖时，要留一条比较大的缝，否则粥液容易溢出。

做法：①大米淘洗干净，放入砂锅中，加适量清水，大火煮开后，盖上锅盖，改小火熬煮。

②粥快熬好时，加入洗净的勿忘我和适量白糖，继续小火熬煮 3 ~ 5 分钟，即可食用。

花能吃吗

文/圆融一笑

妈妈在路边采了许多荠菜
说要回去做饺子给我吃
我指着路边的野花
跟妈妈说
我要吃这个

妈妈说
这个不能吃
我有点伤心
我想吃花

于是
妈妈从超市买回来一袋“勿忘我”花
然后把花和大米一起熬成粥
对我说
宝宝
快过来吃花

吃了这碗用花熬的粥
我永远也不会忘记
妈妈对我的好
她是我最亲爱的妈妈

紫薯银耳粥

营养价值：补硒抗癌，美容祛斑。

主料：紫薯、银耳、葡萄干

调料：冰糖

做法：①银耳泡发、切碎备用。

②紫薯洗净切小丁备用。

③葡萄干洗净备用。

④砂锅中倒入适量清水，下入切好的银耳和紫薯丁。大火煮开后关小火，盖上锅盖熬煮。

⑤约 1 小时后，加入适量冰糖，再煮片刻，即可食用。

TIPS 小贴士

1.一定要小火煮，盖锅盖要留缝，以免粥液溢出。

2.熬煮的时间可尽量长一些，粥会更好喝。

这是什么红薯

文/圆融一笑

一天
爸爸买回来一袋紫色的红薯
我好奇极了
不停地问爸爸
这是什么
这是什么红薯
爸爸说
这是紫薯

爸爸把紫薯切碎了
我又不停地问
这是什么颜色
爸爸说
这是紫色

爸爸把紫色的紫薯丁
和银耳　葡萄干放在一起煮
我围着爸爸转了很多圈圈
终于喝到甜甜的紫薯粥
我裂开嘴笑了
爸爸说
宝宝的笑容比紫薯粥还要甜

无明矾油条

原料： 高筋面粉250克、水150克、盐2克、酵母5克、小苏打1克、油适量

做法： ①将酵母、盐、小苏打放入温水中溶解，然后加入面粉中和成团（可用搅拌机），饧 20 分钟。

②将面团抹油揉匀，再饧 20 分钟，如此再重复一次，使面团呈柔软滑润的状态。

③将揉好的面团用保鲜膜密封，放在室内温暖处发酵至约两倍大。也可以在微波炉发酵。方法是：将面团放在微波炉里，旁边放上一大碗开水，关上微波炉门，40 分钟左右就好了。20 分钟左右换一次开水。微波炉只是提供密闭空间，不用通电。

④将面团擀成 0.5 厘米厚的片，饧 10 分钟，切成 2 指宽的条。两条重叠，中间用筷子压到一起，捏住两端拉长。

⑤锅中入油烧热，放入压好的油条，炸至金黄即可。

TIPS 小贴士

1.面团尽量和得软一些，如果面团和得太硬，炸出的油条就会太实，不好吃。

2.发面之前三次饧的过程不能省略，否则严重影响味道。但是法无定法，也可以采取其他方法，让面充分发酵即可。

3.油温达到一定高度后，再炸油条才能迅速蓬发。一般150度左右，下油条起小泡即可。

你怎么把算术题吃了

文/羽翎

将油条
一根根摆好
小猫咪我来教你做算术
1+1+1+1=几啊
小猫咪
一边数着自己的小手指
一边看着油条
哎哟
你这个小馋猫
你怎么将算术题都吃了

什锦馅饺子

原料： 面粉 200克，胡萝卜、白萝卜、杏鲍菇、白菜（馅料可以自由选择家中的蔬菜，注意食物宜忌即可）

调料： 油、盐、蘑菇精、生抽、老抽、芝麻油

做法： ①将面粉放在案板上砌一圈粉墙，中间放适量温水，将面粉揉成团，用保鲜膜盖住饧 20 分钟。

②胡萝卜、白萝卜、杏鲍菇、白菜洗净，切成碎末，加入调味料搅拌均匀，馅料即制作好。

③面团饧好后在案板上搓成长条，切成等大的小剂子。将小剂子沿切面按扁，或揉成小球，擀成饺子皮。

④取适量的馅料包进饺子皮中，整齐地码放在案板上。

⑤锅中放入适量清水，水开后放入饺子。饺子浮起来之后，加少量凉水。加 3 次凉水后，等饺子再次浮起来即可。

小贴士

1.饺子馅不宜包得过大，因为熟馅经煮会膨胀，以免露馅。

2.饺子也可以蒸着吃，没时间做皮，可以直接在超市买。

饺子船

文/羽翎

小猫咪对我说
我们坐在饺子船上吧
先将船上的蔬菜吃了
再将船皮吃了
然后我们游泳回家吧

素包子

原料： 普通面粉（中筋粉）600克、胡萝卜500克、鸡蛋2个

调料： 盐、香油、酵母、食碱、酱油

做法： ①将胡萝卜洗净切成末，打入2个鸡蛋，加入适量盐、香油和酱油，放入冰箱冷藏备用。

②将酵母用温水溶解，倒入面粉中，揉匀（酵母的量参照酵母包装上的说明）。

③待面团发起，加入适量食碱（即苏打粉），揉匀揉透，分成大小均匀的面剂，擀成圆皮。

④将馅料放入圆皮的中间，收边捏紧，捏成16个以上的褶，即成包子生坯。

小贴士

1.捏成16个以上的褶是一个技术活，家常包子，包住不露馅即可，不必非得多少褶。

2.面团半发酵即可，否则包不住馅。

包什么样的包子

文／羽翎

包子要包什么样子呢
爸爸说　圆的就可以了
奶奶说　要像桃子
吃下去甜甜的
小猫咪说　像鱼一样
妈妈说　我们在包子里
放一个元宝吧
看谁的运气最好
我说　只要有好吃的馅
管它圆的扁的

6 / 果汁类

阳光的味道

营养价值：美容减肥，明目养肝。

原料：贡柑3个、草莓2个、蜂蜜水200克

做法：①贡柑剥皮，草莓洗净去蒂备用。

②取适量蜂蜜和凉开水混合均匀，调成蜂蜜水。

③取贡柑、草莓果肉与蜂蜜水混合。搅拌机加滤网将果肉打碎，滤出果汁即可。

TIPS 小贴士

1.也可以用榨汁机将贡柑、草莓榨汁，然后和蜂蜜水一起搅匀即可。

2.用橘子代替贡柑可以做橘子草莓汁。

阳光的味道

文/羽翎

我想在玻璃杯上画画
就找柑橘借了些黄色
找草莓借了些粉红
再找蜜蜂借来蜂蜜
让水做班长带它们排队
小猫咪你看
阳光的味道是不是
好吃又好看

苹果白菜汁

原料：苹果1个、白菜150克、柠檬1/4个、蜂蜜适量

做法：①白菜洗净切小块，加少许凉开水放入果汁机打汁（没有果汁机可以用搅拌机或者榨汁机，方法如上。以下同此）。

②苹果削皮切成小块，柠檬去皮切成小块，一起打汁，加入菜汁中拌匀。

③调入适量蜂蜜水即可。

妈妈的果汁

文／圆融一笑

阳光照在桌子上
我看到桌子上有一颗闪闪的星星
走近一看
原来是一杯果汁

果汁里散发出一股清香
我忍不住尝了一口
酸酸的　甜甜的
真好喝

不知不觉
我就把果汁喝完了
妈妈站在远处笑
小家伙
这几天你不是不爱吃白菜吗
这果汁里
就有白菜

木瓜牛奶汁

营养价值：调理肠胃，消除疲劳，美容。

原料：木瓜200克 、牛奶150毫升、柠檬1/4个、 蜂蜜及冰块适量

做法：①柠檬，木瓜削皮去籽洗净、切小块，放入果汁机打汁。

②打好的果汁中拌入牛奶及适量蜂蜜水，拌匀后，加入几块冰块即可。

妈妈变的仙露

文/圆融一笑

我在喝牛奶
妈妈在吃木瓜
我一边喝牛奶
一边说自己要吃木瓜

吃吃喝喝
一下子我就打饱嗝了
左手端着牛奶
右手拿一块木瓜
我不知道如何下嘴

妈妈说
我来给你变个魔术吧
木瓜　柠檬　蜂蜜　牛奶
叽里叽里咕噜咕噜
所有的材料
变成了一杯粉红色的仙露

我从仙露中喝出了
木瓜　柠檬　蜂蜜　牛奶的味道

番茄大白菜汁

营养价值：可预防高血压，糖尿病，便秘，动脉硬化及消化系统疾病。

原料：大白菜120克、番茄2个、苹果半个、蜂蜜适量

做法：①大白菜洗净切小块，加少许凉开水放入果汁中打成汁。

②番茄洗净去皮切成小块，苹果洗净去皮去核切成小块，一起打汁。

③将大白菜汁、番茄苹果汁和适量蜂蜜水混合均匀即可。

亲爱的大白菜

文/圆融一笑

那一年我看到
在德胜庵的前墙
白菜排着队码在那里
心想
这一个冬天
难道都要吃白菜吗
会不会很难吃

阿姨从山下送来自己做的辣酱
给我们做了一锅白菜汤
我连喝了三碗
从此对那个味道念念不忘

妈妈拿出番茄　苹果
和大白菜一起榨成汁
用蜂蜜调和成漂亮的颜色
我不屑地用嘴巴舔了舔
舌头竟然再也舍不得从杯子里出来

亲爱的大白菜
到底要用多少种做法
才能尝到你真正的味道